南水北调中线干渠藻类图谱

Atlas of Algae in the Middle Route of South-to-North Water Diversion Project

毕永红　张春梅　宋高飞　著

科学出版社

北京

内 容 简 介

本书详细记录了采自南水北调中线干渠水域的藻类6门8纲21目37科69属124种（含3变种1变型），包括物种的中文名、拉丁名、鉴定文献、形态学特征、分布范围与生境等信息，并展示其光学显微镜照片或电子显微镜照片。书后附有藻类样本采集地位置、理化数据，以及中文名索引和拉丁名索引，便于读者查询和参考。

本书可供藻类学、植物学、生态学等领域的高校师生、科研工作者阅读，也可为水环境科学、水质检测及饮用水源水管理等领域的工作人员提供参考。

图书在版编目（CIP）数据

南水北调中线干渠藻类图谱/毕永红，张春梅，宋高飞著. —北京：科学出版社，2023.3
ISBN 978-7-03-074173-8

I. ①南… Ⅱ. ①毕… ②张… ③宋… Ⅲ. ①南水北调–干渠–藻类–图谱 Ⅳ. ① Q949.2-64

中国版本图书馆 CIP 数据核字（2022）第 237645 号

责任编辑：王海光　赵小林/责任校对：宁辉彩
责任印制：苏铁锁/封面设计：北京图阅盛世文化传媒有限公司

科 学 出 版 社 出版
北京东黄城根北街 16 号
邮政编码：100717
http://www.sciencep.com

北京凌奇印刷有限责任公司 印刷
科学出版社发行　各地新华书店经销

*

2023 年 3 月第 一 版　开本：787×1092　1/16
2023 年 3 月第一次印刷　印张：9
字数：213 000
POD定价：198.00元
（如有印装质量问题，我社负责调换）

前　　言

　　南水北调中线工程于 2014 年 12 月完工通水，主干渠全长 1277 km，将丹江口水库的优质水资源依靠自流分流至沿线河南、河北、北京和天津等地的 19 座大中城市及 100 多个县。目前南水北调中线工程在京津冀豫的直接受益人口已达 7900 万人。工程运行达到设计条件后，年平均调水量可达 95 亿 m^3，惠及总人口近 2 亿。南水北调中线工程是世界上最大的跨气候带调水工程，通水以来生态补水效果明显，缓解了受水区地下水超采问题，发挥了巨大的社会效益、经济效益和生态效益，具有重要的战略意义。

　　中线干渠作为一个特化的输水通道，具有独特性。中线干渠为混凝土硬化基质，沿线水工构筑物较多，缺乏明显季节动态的流量且流速较大，导致其水体类型不同于河流、湖泊等自然水体。尽管渠道中不同水生生物种群/群落基本情况不一而足，但藻类作为水体初级生产者和食物网的基础成分，是水体中相对丰富的类群。通水后的 2015 年 1 月，藻类通过硅藻类群的快速增殖和生物量积累对中线干渠的独特生境做出响应，因此，中线干渠的藻类群落动态及其与输水安全、水质稳定的关系受到人们的高度关注和重视。

　　中线工程设计施工阶段对生态环境问题预估不足，使得中线干渠缺少预防与处置生态环境问题的空间和技术接口。中线干渠通水以来，在营养盐、水文水动力条件和生态因子的耦合作用下，藻类物种及其细胞密度不断变化，特定时段特定藻类成为影响输水水质稳定的突出生态风险源，成为中线干渠输水安全的瓶颈。而作为世界上特大型输水工程，可供参考和借鉴的藻类数据资料匮乏，制约了中线干渠的科学管理和顺畅运行。为此，开展中线干渠藻类群落动态及其演变规律的研究迫在眉睫。

　　受国家"十三五"科技重大专项"水体污染控制与治理科技重大专项"和国家重点研发计划"长江黄河等重点流域水资源与水环境综合治理"的资助，我们开展了中线干渠藻类的专题调查研究，研究过程中获得了大量藻类图片，这些图片对于中线干渠的管理、调查监测及科学研究具有重要参考价值，因此我们将其汇编成本书。

　　本书详细记录了采自南水北调中线干渠水域的藻类 6 门 8 纲 21 目 37 科 69 属 124 种（含 3 变种 1 变型），包括每个物种的中文名、拉丁名、鉴定文献、形态学特征、分布范围与生境等信息，并展示其光学显微镜照片或电子显微镜照片。书后附有藻类样本采集地位置、理化数据，以及中文名索引和拉丁名索引，便于读者查询和参考。本书丰富了长距离输水工程及饮用水源水的藻类物种信息，可为藻类分类学、水域生态学、水环境科学、水质检测及饮用水源水管理等方面的研究与应用提供参考资料。

　　本书为南水北调中线干渠藻类多样性研究的阶段性成果。鉴于作者水平有限，书中难免存在不足之处，敬请读者和同行批评指正，提出宝贵建议。

著　者

2022 年 12 月

目　录

蓝藻门 Cyanophyta ·· 1
  一、蓝藻纲 Cyanophyceae ·· 1
    （一）聚球藻目 Synechococcales ·· 1
      1. 平裂藻科 Merismopediaceae ·· 1
        （1）平裂藻属 *Merismopedia* Meyen 1839 ·· 1
      2. 假鱼腥藻科 Pseudanabaenaceae ··· 2
        （2）假鱼腥藻属 *Pseudanabaena* Lauterborn 1915 ····································· 2
        （3）泽丝藻属 *Limnothrix* Meffert 1988 ··· 5
    （二）螺旋藻目 Spirulinales ··· 6
      3. 螺旋藻科 Spirulinaceae ·· 6
        （4）螺旋藻属 *Spirulina* Turpin ex Gomont 1892 ······································· 6
    （三）色球藻目 Chroococcales ·· 7
      4. 色球藻科 Chroococcaceae ··· 7
        （5）色球藻属 *Chroococcus* Nägeli 1849 ··· 7
      5. 微囊藻科 Microcystaceae ··· 10
        （6）微囊藻属 *Microcystis* Kützing 1833 ·· 10
      6. 异球藻科 Xenococcaceae ·· 12
        （7）拟甲色球藻属 *Chroococcidiopsis* Geitler 1933 ···································· 12
    （四）颤藻目 Oscillatoriales ··· 13
      7. 颤藻科 Oscillatoriaceae ··· 13
        （8）颤藻属 *Oscillatoria* Vaucher ex Gomont 1892 ··································· 13
        （9）浮丝藻属 *Planktothrix* Anagnostidis & Komárek 1988 ·························· 14
    （五）念珠藻目 Nostocales ·· 16
      8. 束丝藻科 Aphanizomenonaceae ··· 16
        （10）束丝藻属 *Aphanizomenon* Morren ex Bornet & Flahault
          1886 '1888' ··· 16
      9. 念珠藻科 Nostocaceae ·· 17
        （11）长孢藻属 *Dolichospermum* (Ralfs ex Bornet & Flahault)
          Wacklin et al. 2009 ·· 17

硅藻门 Bacillariophyta ·· 18
  二、中心纲 Centricae ·· 18
    （六）圆筛藻目 Coscinodiscales ·· 18
      10. 圆筛藻科 Coscinodiscaceae ·· 18
        （12）小环藻属 *Cyclotella* (Kützing) Brébisson 1838 ·································· 18

（13）碟星藻属 *Discostella* Houk & Klee 2004 ····· 22
（14）琳达藻属 *Lindavia* (Schütt) de Toni & Forti 1900 ····· 23
（七）直链藻目 Melosirales ····· 24
11. 直链藻科 Melosiraceae ····· 24
（15）直链藻属 *Melosira* Agardh 1824 ····· 24
12. 沟链藻科 Aulacoseiraceae ····· 25
（16）沟链藻属 *Aulacoseira* Thwaites 1848 ····· 25
（八）根管藻目 Rhizosoleniales ····· 28
13. 刺角藻科 Acanthocerataceae ····· 28
（17）刺角藻属 *Acanthoceras* Honigmann 1910 ····· 28
三、羽纹纲 Pennatae ····· 29
（九）无壳缝目 Araphidiales ····· 29
14. 脆杆藻科 Fragilariaceae ····· 29
（18）等片藻属 *Diatoma* Bory de Saint-Vincent 1824 ····· 29
（19）脆杆藻属 *Fragilaria* Lyngbye 1819 ····· 30
（20）假十字脆杆藻属 *Pseudostaurosira* Williams & Round 1988 ····· 32
（21）肘形藻属 *Ulnaria* (Kützing) Compère 2001 ····· 34
（十）双壳缝目 Biraphidinales ····· 37
15. 舟形藻科 Naviculaceae ····· 37
（22）细小藻属 *Adlafia* Moser 1998 ····· 37
（23）短纹藻属 *Brachysira* Kützing 1836 ····· 38
（24）舟形藻属 *Navicula* Bory de Saint-Vincent 1822 ····· 39
（25）格形藻属 *Craticula* Grunow 1867 ····· 44
（26）布纹藻属 *Gyrosigma* Hassall 1845 ····· 46
（27）双肋藻属 *Amphipleura* Kützing 1844 ····· 47
（28）美壁藻属 *Caloneis* Cleve 1894 ····· 48
（29）双壁藻属 *Diploneis* (Ehrenberg) Cleve 1894 ····· 50
（30）鞍型藻属 *Sellaphora* Mereschkowsky 1902 ····· 51
16. 桥弯藻科 Cymbellaceae ····· 56
（31）双眉藻属 *Amphora* Ehrenberg & Kützing 1844 ····· 56
（32）桥弯藻属 *Cymbella* Agardh 1830 ····· 57
（33）内丝藻属 *Encyonema* Kützing 1833 ····· 61
（34）拟内丝藻属 *Encyonopsis* Krammer 1997 ····· 66
（35）弯肋藻属 *Cymbopleura* (Krammer) Krammer 1997 ····· 67
（36）优美藻属 *Delicata* Krammer 2003 ····· 68
17. 异极藻科 Gomphonemaceae ····· 70
（37）异极藻属 *Gomphonema* Ehrenberg 1832 ····· 70
（38）中华异极藻属 *Gomphosinica* Kociolek, You & Wang 2015 ····· 73

（十一）单壳缝目 Monoraphidinales ··· 74
    18. 曲丝藻科 Achnanthidiaceae ·· 74
       （39）曲丝藻属 *Achnanthidium* Kützing 1844 ·· 74
       （40）卡氏藻属 *Karayevia* Round & Bukhtiyarova 1998··························· 84
    19. 卵形藻科 Cocconeidaceae ·· 85
       （41）卵形藻属 *Cocconeis* Ehrenberg 1837 ·· 85
（十二）管壳缝目 Aulonoraphidinales ·· 87
    20. 窗纹藻科 Epithemiaceae ··· 87
       （42）窗纹藻属 *Epithemia* Kützing 1844 ··· 87
    21. 菱形藻科 Nitzschiaceae ·· 88
       （43）菱形藻属 *Nitzschia* Hassall 1845 ·· 88
       （44）格鲁诺藻属 *Grunowia* Rabenhorst 1864 ··· 92
       （45）细齿藻属 *Denticula* Kützing 1844 ·· 94
    22. 双菱藻科 Surirellaceae ··· 95
       （46）波缘藻属 *Cymatopleura* Smith 1851 ·· 95
       （47）双菱藻属 *Surirella* Turpin 1828··· 97

隐藻门 Cryptophyta ·· 98
  四、隐藻纲 Cryptophyceae ··· 98
    （十三）隐藻目 Cryptomonadales ··· 98
       23. 隐鞭藻科 Cryptomonadaceae ·· 98
          （48）隐藻属 *Cryptomonas* Ehrenberg 1831·· 98
          （49）斜结隐藻属 *Plagioselmis* Butcher ex Novarino,
                  Lucas & Morrall 1994 ··· 99

金藻门 Chrysophyta ··· 100
  五、金藻纲 Chrysophyceae··· 100
    （十四）色金藻目 Chromulinales··· 100
       24. 锥囊藻科 Dinobryonaceae ·· 100
          （50）锥囊藻属 *Dinobryon* Ehrenberg 1834··· 100

甲藻门 Dinophyta ·· 101
  六、甲藻纲 Dinophyceae·· 101
    （十五）多甲藻目 Peridiniales ··· 101
       25. 角甲藻科 Ceratiaceae ··· 101
          （51）角甲藻属 *Ceratium* Schrank 1793 ··· 101

绿藻门 Chlorophyta ·· 102
  七、绿藻纲 Chlorophyceae··· 102
    （十六）团藻目 Volvocales ·· 102
       26. 衣藻科 Chlamydomonadaceae·· 102
          （52）衣藻属 *Chlamydomonas* Ehrenberg 1833································· 102

27. 团藻科 Volvocaceae ······103
　　（53）实球藻属 *Pandorina* Bory de Vincent 1824 ······103
　　（54）空球藻属 *Eudorina* Ehrenberg 1831 ······104
（十七）绿球藻目 Chlorococcales ······105
　28. 小桩藻科 Characiaceae ······105
　　（55）弓形藻属 *Schroederia* Lemmermann 1898 ······105
　29. 小球藻科 Chlorellaceae ······106
　　（56）四角藻属 *Tetraedron* Kützing 1845 ······106
　　（57）顶棘藻属 *Chodatella* Lemmermann 1898 ······107
　30. 卵囊藻科 Oocystaceae ······108
　　（58）卵囊藻属 *Oocystis* Nägeli 1855 ······108
　　（59）并联藻属 *Quadrigula* Printz 1915 ······109
　　（60）浮球藻属 *Planktosphaeria* Smith 1918 ······110
　31. 网球藻科 Dictyosphaeraceae ······111
　　（61）网球藻属 *Dictyosphaerium* Nägeli 1849 ······111
　32. 盘星藻科 Pediastraceae ······112
　　（62）盘星藻属 *Pediastrum* Meyen 1829 ······112
　33. 栅藻科 Scenedesmaceae ······114
　　（63）栅藻属 *Scenedesmus* Meyen 1929 ······114
　　（64）空星藻属 *Coelastrum* Nägeli 1849 ······117
（十八）丝藻目 Ulotrichales ······119
　34. 丝藻科 Ulotrichaceae ······119
　　（65）游丝藻属 *Planctonema* Schmidle 1903 ······119
（十九）刚毛藻目 Cladophorales ······120
　35. 刚毛藻科 Cladophoraceae ······120
　　（66）刚毛藻属 *Cladophora* Kützing 1843 ······120
八、双星藻纲 Zygnematophyceae ······121
（二十）双星藻目 Zygnematales ······121
　36. 双星藻科 Zygnemataceae ······121
　　（67）水绵属 *Spirogyra* Link in Nees 1820 ······121
　　（68）转板藻属 *Mougeotia* Agardh 1824 ······122
（二十一）鼓藻目 Desmidiales ······123
　37. 鼓藻科 Desmidiaceae ······123
　　（69）角星鼓藻属 *Staurastrum* Meyen ex Ralfs 1848 ······123
参考文献 ······125
附表Ⅰ　样本采集地位置 ······129
附表Ⅱ　样本采集地理化数据 ······130
中文名索引 ······132
拉丁名索引 ······134

蓝藻门 Cyanophyta

一、蓝藻纲 Cyanophyceae

（一）聚球藻目 Synechococcales

1. 平裂藻科 Merismopediaceae

（1）平裂藻属 *Merismopedia* Meyen 1839

群体小，由一层细胞组成平板状；群体胶被无色、透明、柔软。群体中细胞排列整齐，通常2个细胞1对，2对为1组，4个组为1群；许多小群体合成大群体，群体中的细胞数目不定，小群体细胞多为32～64个，大群体细胞可达数百个以至数千个。细胞浅蓝绿色、亮绿色，少数为玫瑰红色至紫蓝色；原生质体均匀；细胞有两个相互垂直的分裂面，群体以细胞分裂和群体断裂的方式繁殖。多为浮游性藻类，零散地分布于水体中，一般不形成优势种。

1）平裂藻 *Merismopedia* sp. 1　图版1

特征描述：群体微小，由16～128个或更多细胞组成，群体中的细胞常4个1组，排列整齐，呈正方形，群体胶被厚。细胞球形、半球形，直径2.5～5.0 μm；原生质体均匀，蓝绿色。

采样分布：鲁山落地槽断面、穿黄工程北岸断面、古运河暗渠至惠南庄断面。

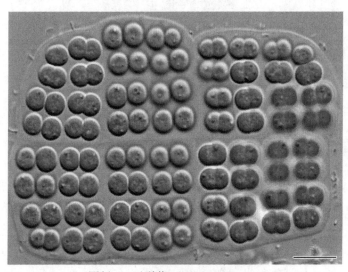

图版1　平裂藻 *Merismopedia* sp. 1
光镜照片，标尺 =10 μm

2. 假鱼腥藻科 Pseudanabaenaceae

(2) 假鱼腥藻属 *Pseudanabaena* Lauterborn 1915

藻丝单生，自由漂浮或为薄的小垫状，通常直出或弓形，少为波状，由很少到几个圆柱形的或长或短的细胞组成，细胞横壁常明显收缢；藻丝不具有薄而硬的鞘，但常具有宽的、稀的、水溶性的胶被，顶端细胞无分化。细胞常为两端钝圆的圆柱形，有时几乎呈桶形，长大于宽，罕见方形，具或不具顶端位气囊。细胞分裂为垂直于纵轴的双分式，有时分裂不对称；以藻殖囊或藻丝断裂的方式进行繁殖。

2）极小假鱼腥藻 *Pseudanabaena minima* (An) Anagnostidis 2001　　图版 2

鉴定文献：Anagnostidis and Komárek, 1988; Anagnostidis, 2001; 朱梦灵, 2012, p. 25, pl. 2-6.

特征描述：藻丝游离漂浮，多细胞，收缢明显，末端宽圆形，无特殊结构，无胶被。细胞均质，细胞长 1.5～6.0 μm，宽 1.3～3.6 μm，长宽比为 1.0～2.2，蓝绿色或淡蓝绿色，无运动特性。细胞连接处收缢明显并存在不染色厚壁。

采样分布：陶岔渠首断面。

生境：淡水种。

图版 2　极小假鱼腥藻 *Pseudanabaena minima*

光镜照片，标尺 =10 μm

3）土生假鱼腥藻 *Pseudanabaena mucicola* (Naumann & Huber-Pestalozzi) Schwabe 1964　图版 3

鉴定文献：朱梦灵，2012, p. 20, pl. 2-2.

特征描述：黏附在微囊藻群体的胶质中或自由漂浮。无胶被或胶被非常稀薄。藻丝短杆状，无异形胞和孢子，有些藻丝一端有突起，由 3～6 个细胞组成。无运动特性，收缢明显。细胞均质，无伪空胞，圆柱形，细胞长 2.1～3.1 μm，宽 1.1～1.4 μm，长宽比为 1.5～3。藻丝为浅蓝绿色、浅蓝灰色、灰褐色或接近无色。

采样分布：古运河暗渠至惠南庄断面。

生境：广泛分布于各种生境，可在淡水、半咸水、咸水、泥土中生长。

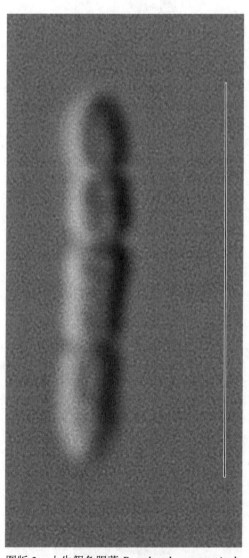

图版 3　土生假鱼腥藻 *Pseudanabaena mucicola*

光镜照片，标尺 =10 μm

4) 具突假鱼腥藻 *Pseudanabaena galeata* Böcher 1949　　图版 4

鉴定文献：朱梦灵, 2012, p. 21, pl. 2-3；Böcher, 1949, p. 13, Fig. 4.

特征描述：藻丝自由漂浮或悬浮在水体中层或下层。藻丝多细胞，收缢明显，收缢处由比细胞宽度较窄的厚壁连接，并有气囊状空隙，末端细胞内有 1~2 个帽状极气囊。细胞均质，圆柱形，细胞长 2.4~5 μm，宽 0.8~1 μm，长宽比为 2.4~6.2。细胞连接处收缢明显，且存在不染色的厚壁。

采样分布：陶岔渠首至团城湖断面。

生境：广泛分布于各种生境，可在淡水中生长。

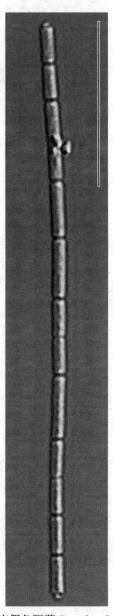

图版 4　具突假鱼腥藻 *Pseudanabaena galeata*

光镜照片，标尺 =10 μm

（3）泽丝藻属 *Limnothrix* Meffert 1988

细胞单生或呈小的不规则的丛或簇，藻丝等极，常自由漂浮，直或略弯，由许多圆柱形或长形细胞构成，细胞横壁不明显、薄，不收缩或很弱地收缩，末端不渐尖，细胞宽 1～6 μm，灰蓝绿色、浅红色或粉红色；气囊位于细胞顶端或中央。顶端细胞圆柱形，末端钝圆或圆平。细胞分裂面垂直藻丝纵轴，以藻丝裂解或形成藻殖段进行繁殖。

5）漂浮泽丝藻 *Limnothrix planctonica* (Wołoszyńska) Meffert 1988　　图版 5

鉴定文献：Meffert, 1988; 胡鸿钧和魏印心, 2006, p. 113, pl. II-21, Fig. 9.

特征描述：多细胞，不收缢，无胶被。细胞圆柱形，细胞长 1.8～7.1 μm，宽 1.7～2.7 μm，长宽比为 1.1～3.8。藻丝蓝绿色或紫红色，细胞内含气囊，气囊体积较小。

采样分布：陶岔渠首断面。

生境：广泛分布于各种生境中。

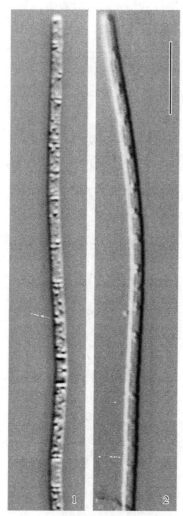

图版 5　漂浮泽丝藻 *Limnothrix planctonica*
1、2. 光镜照片，标尺 =10 μm

（二）螺旋藻目 Spirulinales

3. 螺旋藻科 Spirulinaceae

（4）螺旋藻属 *Spirulina* Turpin ex Gomont 1892

藻体单细胞或多细胞圆柱形，无鞘；或松或紧卷曲，呈规则的螺旋状；藻丝顶端通常不渐尖，顶端细胞钝圆，无帽状结构；横壁不明显，不收缢。

6）大螺旋藻 *Spirulina major* Kützing ex Gomont 1892　　图版 6

鉴定文献：Gomont, 1892, p. 376, pl. Ⅶ/7, Fig. 29.

特征描述：藻丝有规则地螺旋卷曲，细胞宽 1.2~1.7（~2）μm，螺旋宽 2.5~4 μm，螺距宽 2.7~5 μm，颜色呈鲜蓝绿色或黄色。

采样分布：鲁山落地槽断面、沙河渡槽进口断面。

生境：静止或者流动的水体、潮湿土壤、盐湖，混生在其他藻类中。

图版 6　大螺旋藻 *Spirulina major*

光镜照片，标尺 =10 μm

(三) 色球藻目 Chroococcales

4. 色球藻科 Chroococcaceae

(5) 色球藻属 *Chroococcus* Nägeli 1849

植物体少数为单细胞，多数为 2～6 个或更多（很少超过 64 个或 128 个）细胞组成的群体；群体胶被较厚，均匀或分层，透明或黄褐色、红色、蓝紫色；细胞球形或半球形，个体细胞胶被均匀或分层；原生质体均匀或具有颗粒，灰色、淡蓝绿色、蓝绿色、橄榄绿色、黄色或褐色，气囊有或无；细胞有 3 个分裂面。

7) 小型色球藻 *Chroococcus minor* (Kützing) Nägeli 1849   图版 7

鉴定文献：Nägeli, 1849, pls. Ⅰ～Ⅷ.

特征描述：植物团块是由无数小群体组成的黏滑胶质体，蓝绿色；细胞很小，直径为 3～4 μm，包括胶被后可达 10～12.5 μm，通常是由 2～4 个细胞组成的小群体；胶被无色透明而多少融化；原生质体均匀，蓝绿色或橄榄绿色。

采样分布：陶岔渠首断面、沙河渡槽进口断面。

生境：一般生长在山间滴水岩、石灰岩及温泉（40～70℃）中，也可漂浮于水体中。

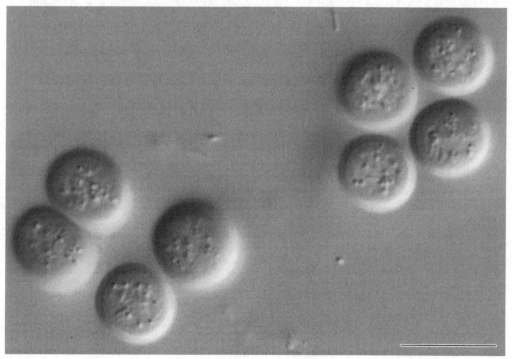

图版 7 小型色球藻 *Chroococcus minor*
光镜照片，标尺 =10 μm

8)粘连色球藻 *Chroococcus cohaerens* (Brébisson) Nägeli 1849   图版 8

鉴定文献：Nägeli, 1849, pls. Ⅰ～Ⅷ.

特征描述：植物团块由 2～4 个或 8 个细胞组成，群体胶被薄而无色，不分层；小群体之间往往以侧面互相黏连成一黏胶状的片状体；细胞半球形或球形，直径 2.0～4.5 μm；原生质体均匀或略具有颗粒体，蓝绿色。

采样分布：鲁山落地槽断面。

生境：一般生长于静水池及潮湿岩石、石壁、石洞、树干上。

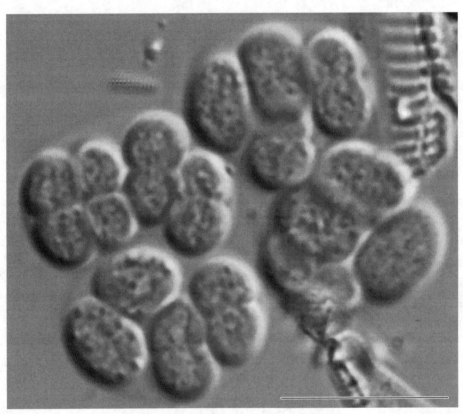

图版 8　粘连色球藻 *Chroococcus cohaerens*

光镜照片，标尺 =10 μm

9）色球藻 *Chroococcus* sp. 1　图版 9

特征描述：群体胶被薄而无色，不分层；细胞半球形或球形，直径 3.67 μm 左右；原生质体具有颗粒，蓝绿色。

采样分布：陶岔渠首至团城湖断面。

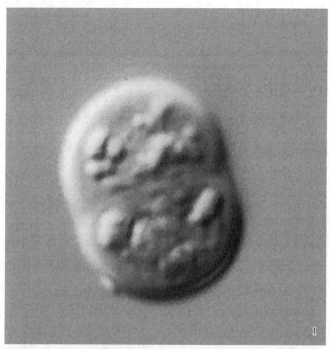

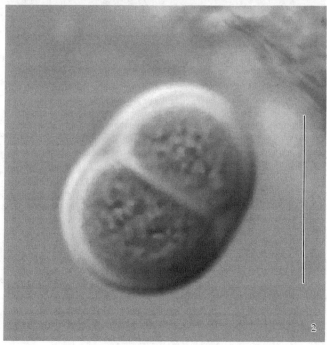

图版 9　色球藻 *Chroococcus* sp. 1
1、2.光镜照片，标尺 =10 μm

5. 微囊藻科 Microcystaceae

(6) 微囊藻属 *Microcystis* Kützing 1833

群体微小或大型，自由漂浮或附着。形态为球形、椭圆形、不规则分叶状或长带状，某些种类为不规则树枝状。通常由细胞聚集组成或由细胞聚集成亚群体，再组成群体。细胞松散或紧密且规则或不规则地排列在一个共同的胶被中。胶被无色或微黄绿色，坚固或仅具模糊的薄层，轮廓模糊或清楚。胶被紧贴或不紧贴细胞。有的种类表面有明显的折光。单个细胞没有胶被，内含气囊。细胞球形或近球形，排列紧密且规律，分裂时细胞为半球形。某些种类的细胞壁 S 层有六边形亚结构。细胞以二分裂形式进行繁殖，有 3 个垂直分裂面。繁殖时群体瓦解为小的细胞群或独立的单个细胞。

10) 挪氏微囊藻 *Microcystis novacekii* (Komárek) Compère 1974   图版 10

鉴定文献：Compère, 1974; 虞功亮等, 2007, p. 732~733, Figs. 11~12.

特征描述：自由漂浮。群体球形或不规则球形，团块较小，直径一般为 50~300 μm。群体之间通过胶被连接，堆积成更大的球体或不规则的群体，一般为 3~5 个小群体连接成环状，但群体内不形成穿孔或树枝状。胶被无色或微黄绿色、明显但边界模糊、易溶、无折光。胶被离细胞边缘远，距离 5 μm 以上。胶被内细胞排列不十分紧密，外层细胞呈放射状排列，少数细胞散离群体。细胞球形，直径 3.7~5.8 μm，平均为 4.9 μm，其大小介于水华微囊藻与铜绿微囊藻之间。细胞原生质体黄绿色，有气囊。

采样分布：丹江口水库、陶岔渠首断面。

生境：淡水种；常分布在中营养型或富营养型的湖泊、池塘、水库等水体中，有时可形成或参与形成水华。

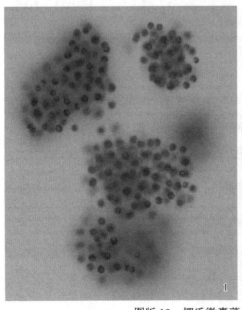 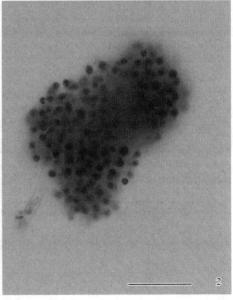

图版 10　挪氏微囊藻 *Microcystis novacekii*

1、2. 光镜照片，标尺 =10 μm

11）微囊藻 *Microcystis* sp. 1　图版 11

特征描述：自由漂浮。群体球形或不规则球形，团块较小，群体之间通过胶被连接，堆积成更大的球体或不规则的群体。胶被无色，胶被内细胞排列不紧密。细胞球形，直径 3.5～5.1 μm，平均为 4.0 μm。细胞原生质体黄绿色，有气囊。

采样分布：丹江口水库、陶岔渠首断面。

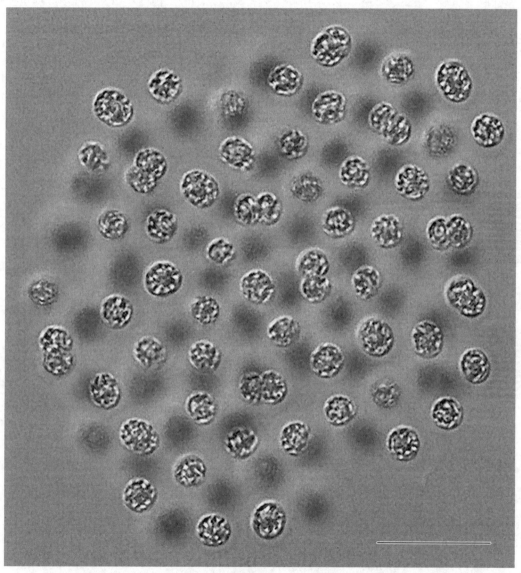

图版 11　微囊藻 *Microcystis* sp. 1

光镜照片，标尺 =10 μm

6. 异球藻科 Xenococcaceae

（7）拟甲色球藻属 *Chroococcidiopsis* Geitler 1933

单细胞或形成规则或不规则的球状群体。群体具有薄而坚实的无色胶被，群体常常聚集成肉眼可见的片状。群体直径为 31~57 μm，平均直径为 40 μm。细胞球形、半球形或类多边形，直径 4~10 μm，平均直径为 6.5 μm；细胞不规则分裂，母细胞分裂出的子细胞通常大小形态各异。原生质体绿色，无气囊。同一群体中的细胞尺寸大小不一，排列紧密。

12）拟甲色球藻 *Chroococcidiopsis* sp. 1　图版 12

特征描述：群体黄蓝绿色，细胞球形、半球形或类多边形，直径 4~8 μm；细胞不规则分裂，母细胞分裂出的子细胞通常大小形态各异。原生质体绿色，无气囊。同一群体中的细胞尺寸大小不一，排列紧密。

采样分布：沙河渡槽进口断面。

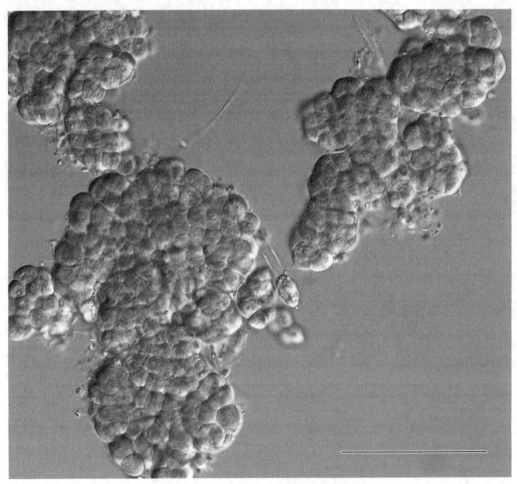

图版 12　拟甲色球藻 *Chroococcidiopsis* sp. 1
光镜照片，标尺 =40 μm

（四）颤藻目 Oscillatoriales

7. 颤藻科 Oscillatoriaceae

（8）颤藻属 *Oscillatoria* Vaucher ex Gomont 1892

植物体为单条藻丝或由许多藻丝组成的皮壳状和块状的漂浮群体，无鞘或罕见极薄的鞘；鞘丝不分枝，直或扭曲，能颤动，匍匐式或旋转式运动；横壁收缢或不收缢，顶端细胞形态多样，末端增厚或具帽状结构；细胞短柱形或盘状；内含物均匀或具颗粒；以藻殖段进行繁殖。

13）断裂颤藻 *Oscillatoria fraca* Carlson 1913　图版 13

鉴定文献：胡鸿钧和魏印心, 2006, p. 136, pl. II-26, Fig. 11.

特征描述：藻丝不呈螺旋状弯曲，藻丝长 100~200 μm，横壁不收缢，两侧具颗粒，顶端不尖细，顶端细胞圆形或截形，不具帽状体。细胞长 2.6~3.5 μm，宽 5.5~6.7 μm。原生质体蓝绿色。

采样分布：鲁山落地槽断面、穿黄工程北岸及惠南庄北拒马河断面。

生境：常见于湖泊中。

图版 13　断裂颤藻 *Oscillatoria fraca*
光镜照片，标尺 =20 μm

（9）浮丝藻属 *Planktothrix* Anagnostidis & Komárek 1988

藻丝单生，自由漂浮，略直或略不规则波状或弯曲，等极，圆柱状，横壁不收缢或收缢，形成水华时常团块状聚合成不规则的簇或扩散成紧密的丛，长可达 4 mm，宽 2 (3)～12 (15) μm，末端略渐细或不渐细，有时末端细胞具帽状结构，无鞘也无胶质包被，偶尔（在特别不良的条件下或培养时）具稀的可见的鞘，有 1 种在自然条件下出现鞘，无伪分枝。细胞圆柱形，罕见略微桶形，长常较宽小或达到近方形，罕见长大于宽的；顶端细胞为宽圆钝状或狭的锥状，有时具帽状结构或外壁增厚。

14）等丝浮丝藻 *Planktothrix isothrix* (Skuja) Komárek & Komárková 2004
图版 14

鉴定文献：Komárek and Komárková, 2004, p. 14.

特征描述：幼藻丝底栖着生，长成后自由漂浮，成团块时藻丝呈蓝绿色，单生，常形成水华，常为直出，或有时弯曲，罕见呈小的丛状，无明显排列方式，通常非常长（可达 3.5 mm），蓝绿色或灰绿色，宽 5～10 μm；横壁无或有，非常不明显的收缢，横壁常不明显，但在两侧具 1 排显著的颗粒，末端圆柱形，不渐尖（或不明显尖），直出。细胞长略短于宽或近方形，长 1.5～5.5 μm，具丰富的不规则的气囊，使藻丝呈褐色或褐黑色；顶端细胞圆柱形、宽圆或平圆，罕见略微圆锥形的，无帽状结构或细胞外壁增厚。

采样分布：陶岔渠首断面。

生境：淡水种；幼体底栖，着生在泥土上，后漂浮，广泛分布于富营养到超富营养型的静止湖泊中。

图版 14 等丝浮丝藻 *Planktothrix isothrix*
光镜照片，标尺 =20 μm

15）浮丝藻 *Planktothrix* sp. 1　图版 15

特征描述：细胞宽 2 μm 左右，长约等于宽。

采样分布：鲁山落地槽断面、沙河渡槽进口断面。

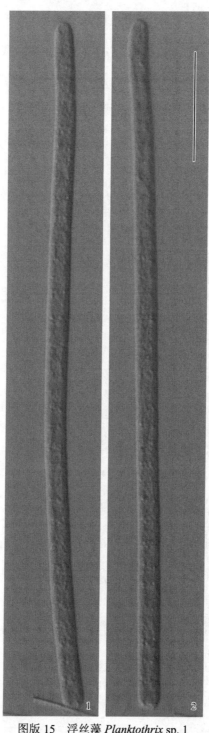

图版 15　浮丝藻 *Planktothrix* sp. 1
1、2. 光镜照片，标尺 =10 μm

（五）念珠藻目 Nostocales

8. 束丝藻科 Aphanizomenonaceae

（10）束丝藻属 *Aphanizomenon* Morren ex Bornet & Flahault 1886 '1888'

藻丝多数为直立的，少数略弯曲，常多数集合形成盘状或纺锤状群体；无鞘，顶端尖细；异形胞间生；孢子远离异形胞。

16）束丝藻 *Aphanizomenon* sp. 1　图版 16

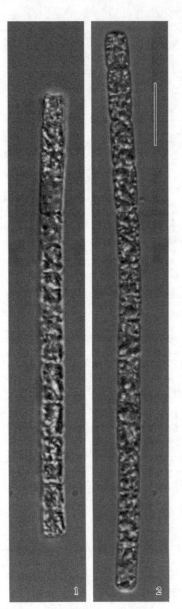

特征描述：藻丝直，略弯曲。细胞圆柱状，长 5～10 μm，宽 3～6 μm。细胞间收缢较明显。末端细胞渐细。

采样分布：丹江口水库、陶岔渠首至团城湖断面。

图版 16　束丝藻 *Aphanizomenon* sp. 1
1、2. 光镜照片，标尺 =10 μm

9. 念珠藻科 Nostocaceae

（11）长孢藻属 *Dolichospermum* (Ralfs ex Bornet & Flahault) Wacklin et al. 2009

藻丝等级，分节，细胞横壁具收缢，无硬的鞘，有时具薄的、水溶性的胶质包被，藻丝的生长在理论上是无限的；顶端细胞形态学上与营养细胞相同，无分化，都能进行分裂；生长时期的细胞都具有气囊群，遍布于整个细胞，在显微镜下可见。异形胞间位，单个（例外成双的），由营养细胞在分节的位置分化形成；厚壁孢子单生 5（6）个 1 列，它们向异形胞方向连续发育形成，常由 2 至几个相邻细胞融合后形成，成熟的厚壁孢子常比营养细胞大 3 倍或多倍，所有形态种营养时期都是漂浮的，从不在基质形成着生的垫状，藻丝单生形成小的丛簇。

17）浮游长孢藻 *Dolichospermum planctonicum* (Brunnthaler) Wacklin et al. 2009　图版 17

鉴定文献：张毅鸽等，2020, p. 1080, Fig. 1.

特征描述：浮游种类，藻丝单生，直出，具宽的胶鞘；细胞圆球形到圆桶形，长常比宽短，宽 9～15 μm，长可达 10 μm；具气囊群，异形胞圆球形，与营养细胞宽度相等；孢子卵形，两端宽圆到钝锥形，有时呈六角形，宽 10～20 μm，长 15～30 μm。

采样分布：丹江口水库、陶岔渠首断面。

生境：常见于温带地区富营养化湖泊、水库中。

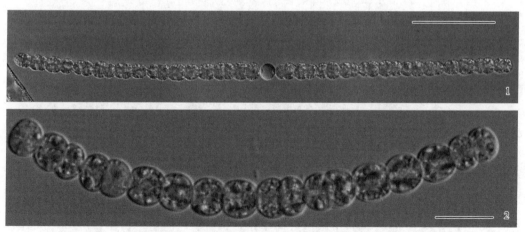

图版 17　浮游长孢藻 *Dolichospermum planctonicum*
1. 光镜照片，标尺 =40 μm；2. 光镜照片，标尺 =10 μm

硅藻门 Bacillariophyta

二、中心纲 Centricae

（六）圆筛藻目 Coscinodiscales

10. 圆筛藻科 Coscinodiscaceae

（12）小环藻属 *Cyclotella* (Kützing) Brébisson 1838

细胞单生或连接成疏松的链状群体，壳面圆盘形，壳面的中央区和边缘区结构不同，边缘区具有辐射状线纹或者肋纹，中央区平滑或者具有点纹和斑纹，具有支持突和唇形突。

18）梅尼小环藻 *Cyclotella meneghiniana* Kützing 1844　　图版 18

鉴定文献：Krammer and Lange-Bertalot, 2004, p. 44, pl. 44, Figs. 1～10.

特征描述：细胞个体较小，壳面圆形，壳面中央区和边缘区的分界明显，中央区平坦，壳面边缘具有短的辐射状线纹，稍偏离中心处具有 1 个支持突，边缘区每 2 个肋纹之间具有 1 个支持突。肋纹在每 10 μm 内具有 5 条，直径 6.0～7.0 μm。

采样分布：丹江口水库、陶岔渠首断面。

生境：生长在湖泊、池塘、水库河流中，着生在水草丛中，偶然性浮游或真性浮游。淡水或半咸水，pH 为 6.4～9，最适 pH 为 8～8.5，在清洁的贫营养到 α-中污水体中均能生长。

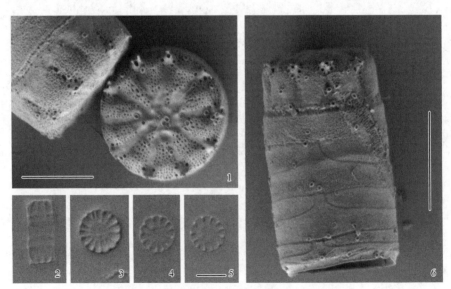

图版 18　梅尼小环藻 *Cyclotella meneghiniana*
1、6. 电镜照片，标尺 =3 μm；2～5. 光镜照片，标尺 =5 μm

19）眼斑小环藻 *Cyclotella ocellata* Pantocsek 1901　　图版 19

鉴定文献：Bey and Ector, 2013, p. 33, Figs. 1~19.

特征描述：中央区扁平，壳面圆形，中央区具有环形乳突突起，边缘区宽度约为半径的 1/2，中央区边缘不整齐，具有 3 个或多个圆形斑纹，其间有或者无稀疏的细点纹。线纹在 10 μm 具有 14~24 条。细胞直径 7.5~10.5 μm。

采样分布：陶岔渠首至穿黄工程北岸断面、古运河暗渠至惠南庄北拒马河断面。

生境：在湖泊沿岸带及底部沉积物上，周丛生，浮游或者着生，偶尔也出现在半咸水中，pH 为 6.7~8.8，最适 pH 为 8.4~8.8，为喜碱、广盐种类。

图版 19　眼斑小环藻 *Cyclotella ocellata*
1. 电镜照片，标尺 =3 μm；2、3. 光镜照片，标尺 =5 μm

20）克里特小环藻 *Cyclotella crecita* John & Economou-Amilli 1990　　图版 20

鉴定文献：王全喜和邓贵平, 2017, p. 93, pl. 9, Fig. 1.

特征描述：壳面圆盘形，多单生，大多数个体在壳面中央具有 3 个支持突，少数 1～5 个，肋纹末端具有叉状开口，中央区近乎平坦，线纹辐射排列，长短不一，线纹在 10 μm 具有 14 条，直径 10～15 μm。

采样分布：陶岔渠首断面。

生境：可生长于贫营养型的水体中。

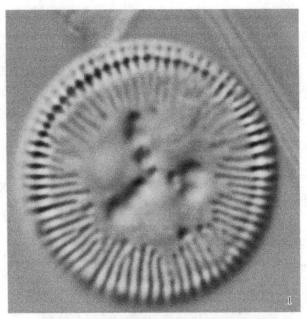

图版 20　克里特小环藻 *Cyclotella crecita*

1、2. 光镜照片，标尺 =5 μm

21）长海小环藻 *Cyclotella changhai* Xu & Kociolek 2017　图版 21

鉴定文献：王全喜和邓贵平，2017, p. 95, pl. 9, Fig. 3.

特征描述：壳面圆形，壳面平坦，带面观矩形。边缘区具有辐射状线纹，线纹长短不一，中央区边缘不整齐，边缘区宽度约为半径的 1/2，壳面中央具有 1 个唇形突，每 4～6 条肋纹之间具有 1 个支持突，线纹在每 10 μm 内具有 24 条，直径 11 μm。

采样分布：陶岔渠首至团城湖断面。

生境：生长于贫营养型湖泊中，水体为弱碱性（pH 8.0～9.0），温度变化范围为 9.0～15.0℃。

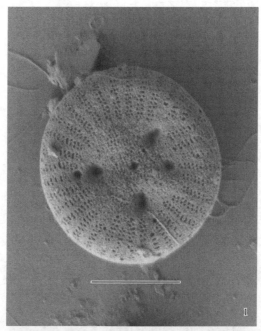

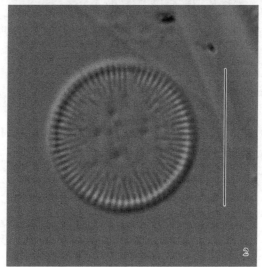

图版 21　长海小环藻 *Cyclotella changhai*
1. 电镜照片，标尺 =3 μm；2. 光镜照片，标尺 =10 μm

（13）碟星藻属 *Discostella* Houk & Klee 2004

细胞单生或者形成链状群体，细胞壳面中央区平坦或呈同心波动，具有1星形图案，边缘具有径向肋纹，肋纹之间具有单列或者多列线纹，支持突与唇形突位于壳面边缘。

22）具星碟星藻 *Discostella stelligera* (Cleve & Grunow) Houk & Klee 2004
图版22

鉴定文献：齐雨藻，1995, p. 61, Fig. 78; Houk and Klee, 2004, p. 208, Figs. 22～93.

特征描述：壳面圆形，壳面呈同心波动，中央区与边缘区间具有1无纹区，中央区具辐射状线纹，具有支持突和唇形突；线纹在每10 μm内有10～16条，直径5.0～10.0 μm。

采样分布：陶岔渠首至团城湖断面。

生境：在湖泊沿岸带及底部沉积物上，周丛生，浮游或者着生，偶见于河口，最适pH为7.5～8，喜碱、广盐，在秋季的富营养水体中大量出现。

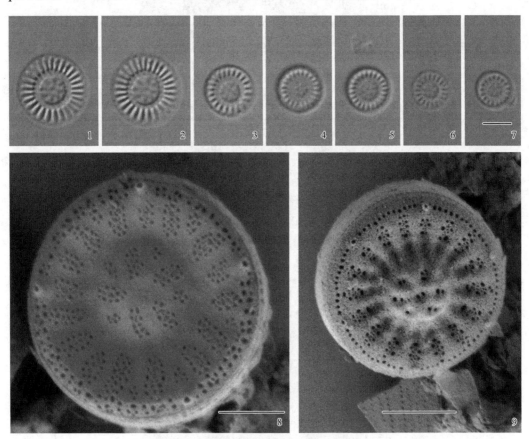

图版22　具星碟星藻 *Discostella stelligera*
1～7. 光镜照片，标尺=4 μm；8. 电镜照片，标尺=1 μm；9. 电镜照片，标尺=2 μm；

（14）琳达藻属 *Lindavia* (Schütt) de Toni & Forti 1900

细胞单生，壳面圆形，平坦或者凹凸不平，边缘区与中央区纹饰明显不同，壳面具有 1 至多个唇形突，中央区多变，有或者无孔纹与支持突。

23）省略琳达藻 *Lindavia praetermissa* (Lund) Nakov et al. 2015　图版 23

鉴定文献：Nakov et al., 2015, p. 257.

特征描述：壳面圆盘形，较平坦，中央区具有许多分布均一的网状孔纹，中央区孔纹分散或者呈现微辐射状；线纹长短不一，每 10 μm 内具有 20 条，直径 11.0 μm。

采样分布：陶岔渠首断面偶见。

生境：着生或浮游，常生长于贫营养至中营养或富营养型湖泊、中营养或富营养型的池塘中，以及 pH 为 8.25～8.53、电导率为 122～149 μS/cm 的水体中。

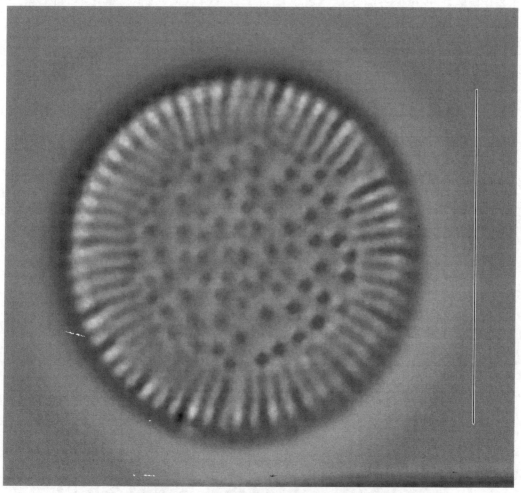

图版 23　省略琳达藻 *Lindavia praetermissa*
光镜照片，标尺 =10 μm

（七）直链藻目 Melosirales

11. 直链藻科 Melosiraceae

（15）直链藻属 *Melosira* Agardh 1824

细胞球形或者圆柱形，壳面常相连形成链状群体，壳面略突出，壳面很少或者没有装饰物，如刺、肋、隔片等。

24）变异直链藻 *Melosira varians* Agardh 1827　　图版 24

鉴定文献：Krammer and Lange-Bertalot, 2004, p. 7, pl. 73, Fig. 3.

特征描述：细胞圆柱形，彼此连接成链状，常见带面观，壳面相对平滑，无明显突起，壳套常覆盖有小颗粒物及分散的唇形突，壳套高 9.0～15.5 μm，壳面直径 14.5～20.0 μm。

采样分布：丹江口水库、陶岔渠首断面。

生境：常见于各种类型的内陆水体或底泥中，偶然性浮游，可在夏天的富营养型湖泊或者中污染水体中大量出现，喜碱性，适宜 pH 约 8.5。

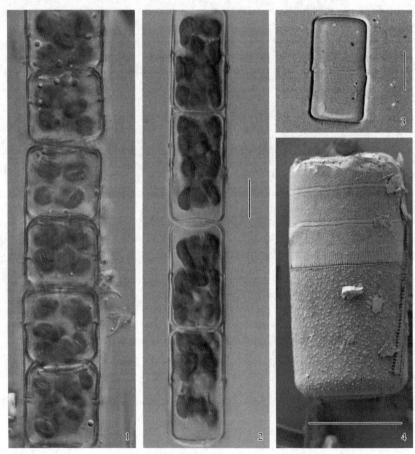

图版 24　变异直链藻 *Melosira varians*
1～3. 光镜照片，标尺 =10 μm；4. 电镜照片，标尺 =10 μm

12. 沟链藻科 Aulacoseiraceae

(16) 沟链藻属 *Aulacoseira* Thwaites 1848

壳体呈圆柱形，常形成链状群体，上下壳面由刺连接，壳套深，常见带面观，壳套上网孔排列相对简单，通常呈现矩形或圆形，边缘常具有窄的且硅质加厚的环状结构。

25) 颗粒沟链藻 *Aulacoseira granulata* (Ehrenberg) Simonsen 1979　　图版 25

鉴定文献：Metzeltin et al., 2005, p. 248, pl. 3, Figs. 1~2.

特征描述：细胞之间以壳缘刺彼此连接形成链状群体，壳套高度与壳面直径之比大于 0.8，端细胞壳面通常具有 1~2 根长刺，壳套上孔纹通常是弯向右侧，孔纹排列规则，通常呈现矩形或圆形，细胞直径 7.5~12.5 μm，壳套高 11.5~14.5 μm。

采样分布：陶岔渠首断面。

生境：常见于江河、湖泊、池塘、沼泽等各种内陆淡水中，常浮游，尤其在富营养型的湖泊和池塘中大量出现，最适 pH 为 7.9~8.2。

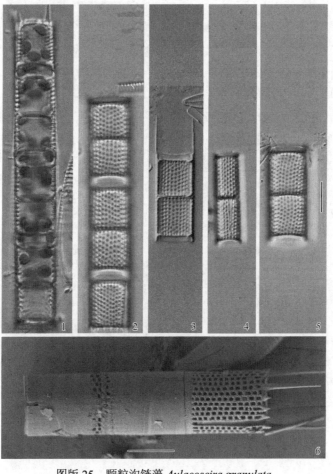

图版 25　颗粒沟链藻 *Aulacoseira granulata*
1~5. 光镜照片，标尺 =10 μm；6. 电镜照片，标尺 =10 μm

26) 颗粒沟链藻极狭变种 *Aulacoseira granulata* var. *angustissima* (Müller) Simonsen 1979　图版 26

鉴定文献：Bey and Ector, 2013, p. 12, Figs. 1~5.

特征描述：此变种与原变种的不同之处为链状群体细而长，壳体高度是直径的几倍到 10 倍，壳套孔纹的排列向右弯曲（右旋），但在最外端壳面上往往是直的，细胞间连接的刺是短而分叉的，端细胞通常具有 1~2 个刺，与壳套的高度相等。线纹在每 10 μm 内具有 8 条。细胞直径 3.5~5.0 μm，壳套高 11.5~14.6 μm。

采样分布：沙河渡槽进口附近混凝土基质，沙河渡槽进口至漳河北断面、天津外环河断面及惠南庄断面。

生境：为湖泊、水库、河流及池塘中的浮游种类，适宜 pH 为 6.2~9.0，喜碱，在富营养型水体中大量出现。

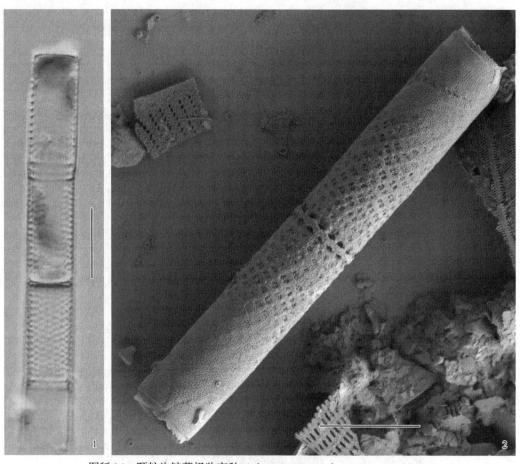

图版 26　颗粒沟链藻极狭变种 *Aulacoseira granulata* var. *angustissima*
1. 光镜照片，标尺 =10 μm；2. 电镜照片，标尺 =5 μm

27) 颗粒沟链藻极狭变种螺旋变型 *Aulacoseira granulata* var. *angustissima* f. *spiralis* (Hustedt) Czarnecki & Reinke 1982　图版 27

鉴定文献：Krammer and Lange-Bertalot, 1991a, p. 266, pl. 18, Fig. 13; 李家英和齐雨藻, 2014, p. 3, pl. Ⅰ, Fig. 9.

特征描述：此变型与此变种的区别特征为链状群体弯曲形成螺旋状，细胞直径 5.5 μm，壳套高 11.0 μm。

采样分布：丹江口水库偶见种。

生境：生活于湖泊、水库及河流中，尤其在碱性湖沼中大量出现。

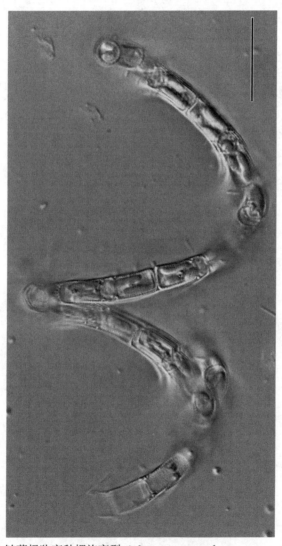

图版 27　颗粒沟链藻极狭变种螺旋变型 *Aulacoseira granulata* var. *angustissima* f. *spiralis*
光镜照片，标尺 =20 μm

（八）根管藻目 Rhizosoleniales

13. 刺角藻科 Acanthocerataceae

（17）刺角藻属 *Acanthoceras* Honigmann 1910

群体细胞为单细胞或者 2～3 个细胞形成暂时性的链状群体；细胞扁圆柱形，细胞壁极薄，带面长方形，具有许多半环状间生带，末端楔形，无隔片；壳面扁椭圆形，中部凹入或者凸出，由每个角状凸起延伸成一个粗而长的刺；色素体盘状。

28）扎卡刺角藻 *Acanthoceras zachariasii* (Brun) Simonsen 1979   图版 28

鉴定文献：Simonsen, 1979.

特征描述：单细胞或者 2～3 个细胞形成暂时性的链状群体，细胞扁圆柱形；细胞壁极薄，带面长方形，具有许多半环状间生带，末端楔形，无隔片；壳面扁椭圆形，由中部凹入，由每个角状凸起延长成一条粗而坚硬的长刺。细胞长 100.5～248.0 μm，宽 17.0～33.5 μm。

采样分布：丹江口水库偶见种。

生境：生活于河流、池塘及富营养型湖泊中，浮游。

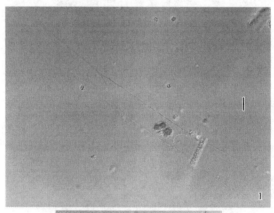

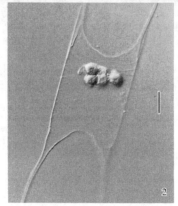

图版 28　扎卡刺角藻 *Acanthoceras zachariasii*
1、2. 光镜照片，标尺 =10 μm

三、羽纹纲 Pennatae

（九）无壳缝目 Araphidiales

14. 脆杆藻科 Fragilariaceae

（18）等片藻属 *Diatoma* Bory de Saint-Vincent 1824

细胞通过壳面连接形成带状群体，或者通过壳面的某一部分相连形成"Z"形群体，带面观常呈长方形；壳面椭圆或者长椭圆形，有的种类两端略膨大，具有假壳缝，较窄，两侧具有横线纹和肋纹，具有 1 唇形突。

29）普通等片藻 *Diatoma vulgaris* Bory 1824　　图版 29

鉴定文献：Krammer and Lange-Bertalot, 2004, p. 95, pl. 91, Figs. 2～3.

特征描述：壳面呈椭圆披针形，中部略凸出，可形成"Z"形群体，带面观呈矩形，两端呈现圆形或亚喙状，若呈现线形，一般无明显的缢缩；壳面两极均具有顶孔区，一端具有唇形突，具有横向肋纹，每 10 μm 内具有 8 条，线纹 40～48 条。细胞长 42.0～49.0 μm，壳面宽 10.5～12.0 μm。

采样分布：陶岔渠首至西黑山进口闸断面、天津外环河断面。

生境：湖泊沿岸带，附着生长于水草上，有时为偶然性浮游种类。

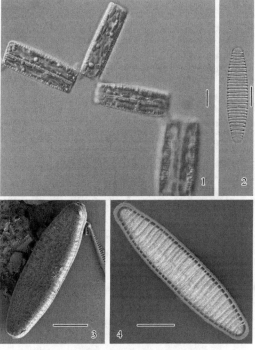

图版 29　普通等片藻 *Diatoma vulgaris*
1、2. 光镜照片，标尺 =10 μm；3、4. 电镜照片，标尺 =10 μm

（19）脆杆藻属 *Fragilaria* Lyngbye 1819

细胞通常以壳面连接成带状群体，壳面长披针形到线形，中部略有膨大，两侧逐渐变窄常对称，壳面中央区有或无，通常可延伸到壳面一侧或者两侧边缘，壳面线纹近乎平行。

30）*Fragilaria perminuta* (Grunow) Lange-Bertalot 2000   图版 30

鉴定文献：Krammer and Lange-Bertalot, 2004, pl. 109, Figs. 1～5.

特征描述：壳面线形披针形，末端延长成喙状，中间一侧具无纹区，壳缘略凸出，轴区窄，具有顶孔区，具有 1 唇形突，线纹近平行状交错排列，横线纹在每 10 μm 内具有 12～16 条。壳面长 15～23 μm，宽 2.3～4 μm。

采样分布：沙河渡槽进口至穿黄工程南岸断面、漳河北至古运河暗渠断面、团城湖断面。

生境：淡水种；喜欢钙质、贫营养至富营养的水体。

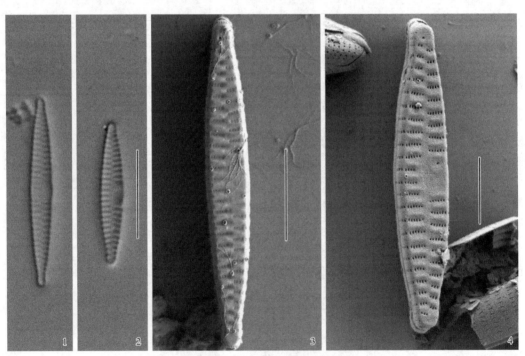

图版 30　*Fragilaria perminuta*
1、2. 光镜照片，标尺 =10 μm；3、4. 电镜照片，标尺 =5 μm

31）柔嫩脆杆藻 *Fragilaria tenera* (Smith) Lange-Bertalot 1980　　图版 31

鉴定文献：Antoniades et al., 2008, p. 358, Fig. 4: 13～17.

特征描述：壳面窄，中部略膨大，近两端渐狭，细长，末端呈头状，轴区线形披针形，壳面两端的线纹交叉平行排列，线纹在每 10 μm 内具有 14～16 条。壳面长 51.6～67.1 μm，宽 2.1～2.4 μm。

采样分布：穿黄工程北岸断面。

生境：生长在水体小环境中，如小水坑、山泉、小湖、小瀑布等。

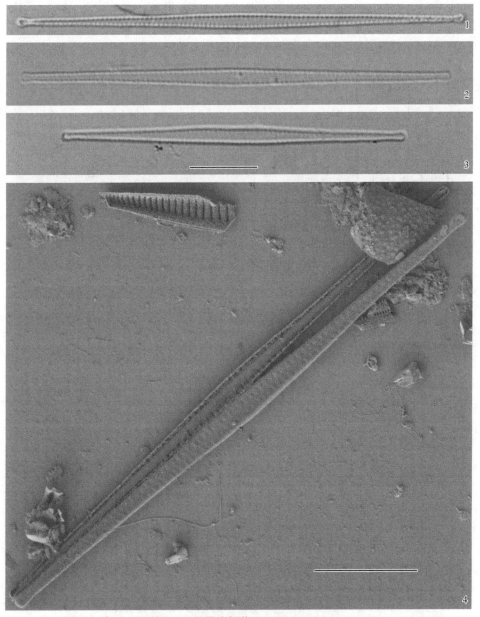

图版 31　柔嫩脆杆藻 *Fragilaria tenera*
1～3. 光镜照片，标尺 =10 μm；4. 电镜照片，标尺 =10 μm

（20）假十字脆杆藻属 *Pseudostaurosira* Williams & Round 1988

细胞通过壳面紧密连接形成链状群体，带面观近似矩形，壳面线形椭圆形，或者线形披针形，部分种类壳面边缘波动呈"十"字形，末端呈喙状或头状。线纹短，单列，由圆形的孔纹形成。

32）寄生假十字脆杆藻 *Pseudostaurosira parasitica* (Smith) Morales 2003　　图版 32

鉴定文献：Round and Maidana, 2001; 王全喜和邓贵平, 2017, p. 109, pl. 9, Fig. 25.

特征描述：壳面线形披针形，末端喙状，中轴区呈宽披针形，具有顶孔区，线纹短，在中部近乎平行排列，两端略辐射状排列，线纹在每 10 μm 内具有 14～21 条。壳面长 18.5～19.5 μm，宽 4.0～5.0 μm。

采样分布：古运河暗渠断面、西黑山断面。

生境：生活于淡水湖、山泉小瀑布、水沟、滴水木槽浅水处、静水河湾、水塘、水池、小河流等中。

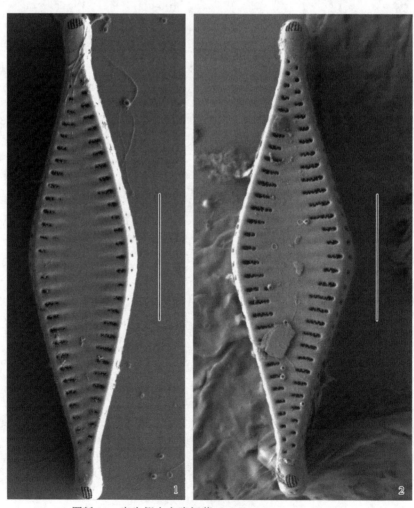

图版 32　寄生假十字脆杆藻 *Pseudostaurosira parasitica*
1、2. 电镜照片，标尺 =5 μm

33) 短纹假十字脆杆藻 *Pseudostaurosira brevistriata* (Grunow) Williams & Round 1987　图版 33

鉴定文献：Edlund et al., 2004; Williams and Round, 1987.

特征描述：壳面披针形到线形披针形，两端圆形或者亚喙状，中轴区线形披针形，横线纹较短，在壳面中间近平行状排列，两端略辐射状排列，每 10 μm 内具有 14～16 条。壳面长 15.8～24.4 μm，宽 3.3～4.2 μm。

采样分布：穿黄工程南岸断面、古运河暗渠断面。

生境：生活于水库、湖、泉水、小溪、水坑、水塘、沼泽、水沟中。

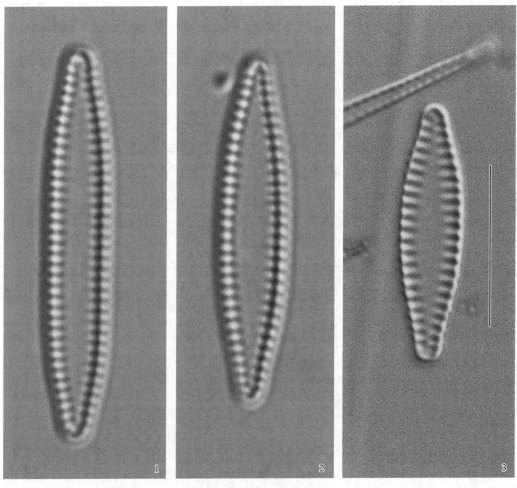

图版 33　短纹假十字脆杆藻 *Pseudostaurosira brevistriata*
1～3. 光镜照片，标尺 =10 μm

(21) 肘形藻属 *Ulnaria* (Kützing) Compère 2001

壳面线形并且延伸，大多数种类末端呈明显头状；线纹点状，单列或者双列。壳面两端具唇形突 1~2 个；环带闭合；中央区小，椭圆形至长方形，一直延伸到壳面边缘，中央区两侧可能具有不明显的线纹。

34) 肘状肘形藻 *Ulnaria ulna* (Nitzsch) Compère 2001　图版 34

鉴定文献：Krammer and Lange-Bertalot, 2004, p. 143, pl. 122, Fig. 6.

特征描述：壳面呈长线形披针形，近两端明显收缩，末端呈头状，带面观矩形，假壳缝呈窄线形，横线纹近乎平行排列，线纹在每 10 μm 内具有 9~22 条。壳面长 107.6~280.1 μm，宽 3.3~8.1 μm。

采样分布：沙河渡槽进口至古运河暗渠断面、天津外环河至团城湖断面。

生境：世界性广布种，淡水普生种，有时在沿海也可见。可生长于碱性、营养丰富的水体中，耐受污染，常出现于排放水的下游，耐受强烈水流的冲击。

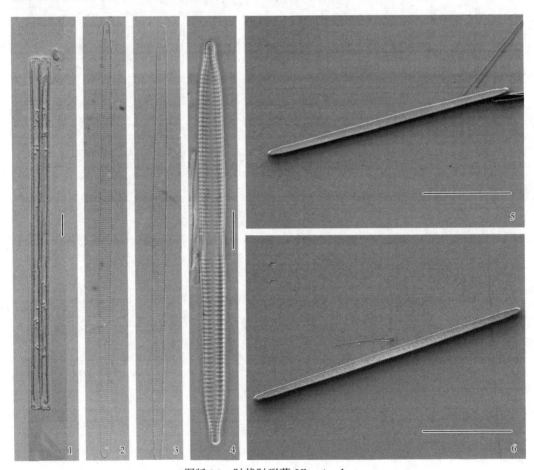

图版 34　肘状肘形藻 *Ulnaria ulna*
1. 光镜照片，标尺 =20 μm；2~4. 光镜照片，标尺 =10 μm；5、6. 电镜照片，标尺 =100 μm

35）柔弱肘形藻 *Ulnaria delicatissima* (Smith) Aboal & Silva 2004　图版 35

鉴定文献：Aboal and Silva, 2004.

特征描述：壳面线形披针形，较窄，末端延长至头状，中央区椭圆形，近壳缘处有很短的线纹，通常具有魔鬼线纹，假壳缝呈窄线形；横线纹近乎平行排列，每 10 μm 内具有 10～11 条。壳面长 108.5～154.5 μm，宽 4.6～5.5 μm。

采样分布：沙河渡槽进口至古运河暗渠断面、天津外环河至团城湖断面。

生境：浮游种；常生长在中度钙化、中营养型生境中。

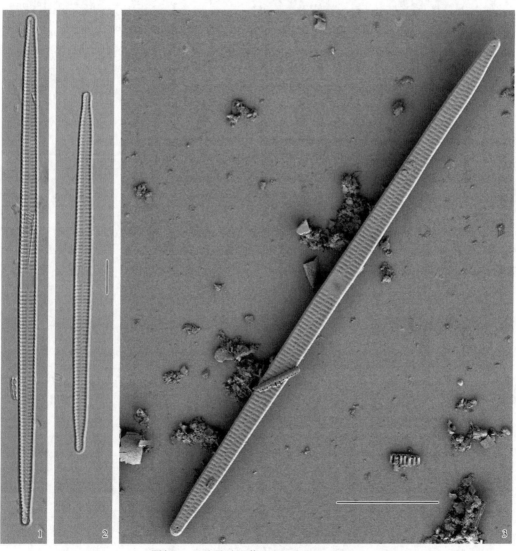

图版 35　柔弱肘形藻 *Ulnaria delicatissima*
1、2. 光镜照片，标尺 =10 μm；3. 电镜照片，标尺 =25 μm

36）尖肘形藻 *Ulnaria acus* (Kützing) Aboal 2003　图版 36

鉴定文献：Krammer and Lange-Bertalot, 1991a, p. 144, pl. 122, Figs. 11～13.

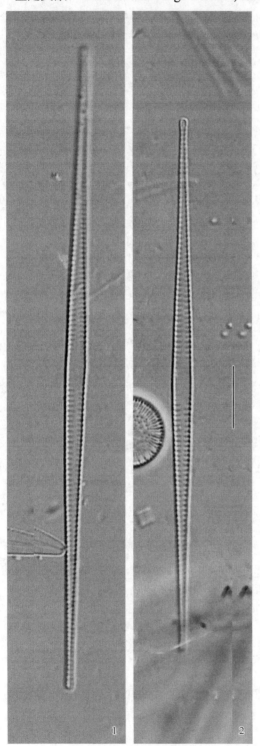

特征描述：壳面窄披针形，末端延伸缩短成小头状，中央区明显，横线纹交错平行排列，线纹在每 10 μm 内具有 12 条。壳面长 85～102.6 μm，宽 3.4～3.6 μm。

采样分布：陶岔渠首至团城湖断面，渠道中常见种。

生境：世界性广布种；普生于各种淡水环境中，耐受中有机质和高营养含量的碱性生境。

图版 36　尖肘形藻 *Ulnaria acus*
1、2. 光镜照片，标尺 =10 μm

（十）双壳缝目 Biraphidinales

15. 舟形藻科 Naviculaceae

（22）细小藻属 *Adlafia* Moser 1998

个体较小，通常小于 25 μm。壳面线形到线形披针形，两端钝圆，喙状或者亚头状，壳缝末端向同侧弯曲，且弯曲明显，组成线纹的点纹具有膜覆盖，壳面线纹单列，呈辐射状排列。

37）嗜苔藓细小藻 *Adlafia bryophila* (Petersen) Lange-Bertalot 1998　　图版 37

鉴定文献：刘静等，2013, p. 30, pl. XIV, Fig. 6.

特征描述：壳面线形，边缘直，两端钝圆形或延长为喙状或者亚头状。壳缝在远壳缝端强烈地弯向同侧，近壳缝端略弯曲，轴区窄，中央区小，横向不规则膨大，线纹在光镜下不易看到，在中间明显辐射状，向两端会聚，每 10 μm 内具有 42 条。壳面长 15～15.6 μm，宽 3.2～3.3 μm。

采样分布：漳河北断面、古运河暗渠断面。

生境：世界性广布种；常在间歇性潮湿的苔藓植物上气生。除不适宜 β-中污的高腐殖质水体外，可存在于多种生境中。可在 pH 接近中性、低污染水体中占据较大的优势。

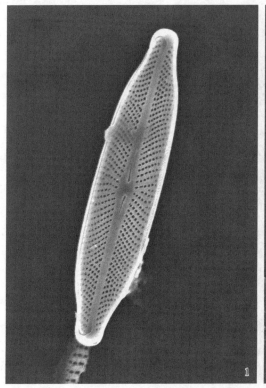
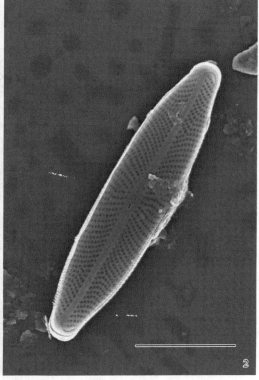

图版 37　嗜苔藓细小藻 *Adlafia bryophila*

1、2. 电镜照片，标尺 =5 μm

(23) 短纹藻属 *Brachysira* Kützing 1836

壳面线形到线形披针形，某些种类壳面两端不对称，末端圆形或延长；壳缝直，线纹由明显的点纹形成，形成纵向起伏。

38) 小头短纹藻 *Brachysira microcephala* (Grunow) Compère 1986　　图版 38

鉴定文献：刘静等, 2013, p. 32, pl. XIV, Fig. 15; Krammer and Lange-Bertalot, 1986, p. 628, pl. 94, Figs. 21~28.

特征描述：壳面线形到菱形披针形，两端延长成头状，壳缝直，中轴区窄，中央区较小，呈不对称圆形。壳面线纹由明显的点纹形成，形成纵向起伏，在两端近平行排列。线纹在每 10 μm 内具有 30~36 条。壳面长 20.2~27.7 μm，宽 4.2~5.7 μm。

采样分布：陶岔渠首、穿黄工程南岸、古运河暗渠、天津外环河、惠南庄、西黑山、团城湖断面。

生境：世界性广布种；附着生长于池塘和湖泊中浸没的大型植物上；可生长于含氧量高、营养水平偏低、矿化程度较低的生境中。

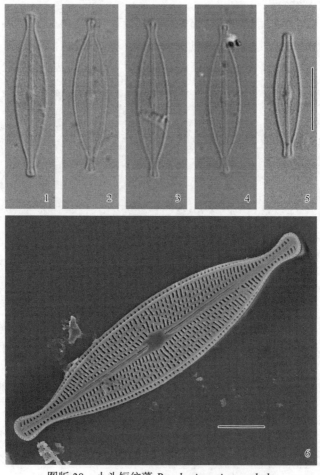

图版 38　小头短纹藻 *Brachysira microcephala*
1~5. 光镜照片，标尺 =10 μm；6. 电镜照片，标尺 =5 μm

硅藻门 Bacillariophyta

（24）舟形藻属 *Navicula* Bory de Saint-Vincent 1822

壳面形状多变，呈线形、披针形、菱形或者椭圆形，两侧对称，末端钝圆，喙状或者近头状，中轴区狭窄，呈线形或者披针形，壳缝线形，具有中央节和极节，形状多变，一般壳面中间部分的线纹数比两端的线纹数目略稀疏。

39）隐伪舟形藻 *Navicula cryptofallax* Lange-Bertalot & Hofmann 1993　　图版 39

鉴定文献：Lange-Bertalot, 1993, p. 103, pl. 48, Figs. 1～4.

特征描述：壳面舟形，末端延长成小头状，中轴区很窄，线形，中央区菱形椭圆形；横线纹在壳面中部呈放射状排列，靠近两端略会聚，每 10 μm 内具有 18 条。壳面长 32.5 μm，宽 6.0 μm。

采样分布：陶岔渠首至团城湖断面。

生境：生长于中等矿化、低碱性、贫营养型至中营养型，或者富营养型生境中。

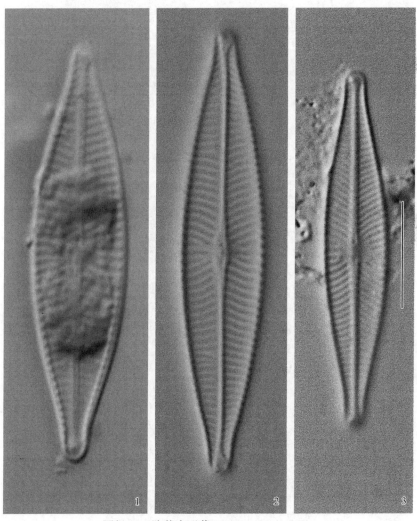

图版 39　隐伪舟形藻 *Navicula cryptofallax*

1～3. 光镜照片，标尺 =10 μm

40)安东尼舟形藻 *Navicula antonii* Lange-Bertalot 2000　图版 40

鉴定文献：Lange-Bertalot, 2001, pl. 13, Figs. 1～15; 刘静等, 2013, p. 46, XX, Figs. 11～13.

特征描述：壳面窄披针形到披针形，两端呈尖圆形，壳缝略偏向一侧，轴区窄，线形，中央区小，呈不规则形；线纹在中间呈辐射状，向两端略会聚，每 10 μm 内具有 13～16 条。壳面长 22.8～37.1 μm，宽 4.6～5.9 μm。

采样分布：沙河渡槽进口断面。

生境：世界性广布种；常生活于富营养或超富营养、高电解质、人为干扰的生境中，耐受 α-中污水平。

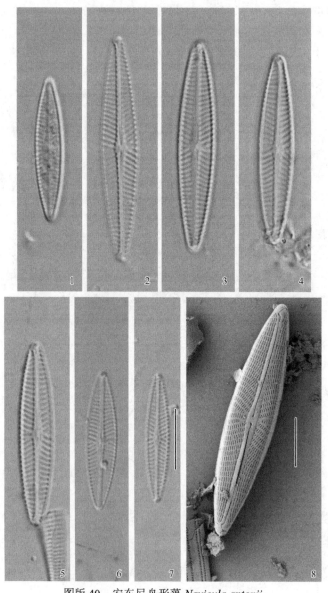

图版 40　安东尼舟形藻 *Navicula antonii*
1～7. 光镜照片，标尺 =10 μm；8. 电镜照片，标尺 =5 μm

41）隐细舟形藻 *Navicula cryptotenella* Lange-Bertalot 1985　图版 41

鉴定文献：Krammer and Lange-Bertalot, 1986, p. 506, pl. 33, Figs. 9～11; Krammer and Lange-Bertalot, 1991b, p. 368, pl. 60, Figs. 1～8.

特征描述：壳面披针形，末端延伸成喙状，壳缝直，远壳缝端钩状，弯向同侧，中轴区线形，中央区很小，呈圆形，或无中央区；横线纹呈辐射状排列，末端汇聚，每 10 μm 内具有 15～18 条。壳面长 18.4～20.5 μm，宽 5～5.5 μm。

采样分布：沙河渡槽进口至团城湖断面。

生境：世界性广布种；尤其在植被覆盖度较高的区域，可生长在贫营养到富营养、低到高电解质生境中，可作为 β-中污的指示生物。

图版 41　隐细舟形藻 *Navicula cryptotenella*
1～3. 光镜照片，标尺 =10 μm；4. 电镜照片，标尺 =5 μm

42）密花舟形藻 *Navicula caterva* Hohn & Hellerman 1963　图版 42

鉴定文献：刘静等, 2013, p. 46, XXI, Figs. 10～11; Krammer and Lange-Bertalot, 1991b, p. 384, pl. 68, Figs. 20～25.

特征描述：壳面披针形，两端延伸成喙状。中央区小，卵圆形或近长方形。线纹在中部呈辐射状，两端会聚呈微辐射状排列，中央区线纹长短不一，短线纹被长线纹围绕，可能存在某些线纹弯曲，每 10 μm 内具有 16～22 条。壳面长 15.4～17.9 μm，宽 4.0～4.5 μm。

采样分布：沙河渡槽进口至漳河北断面。

生境：常在浅水池塘或者江河上游中形成较为丰富的群体，生长于碱性、矿化程度高的生境中，可耐受高电解质及富营养。

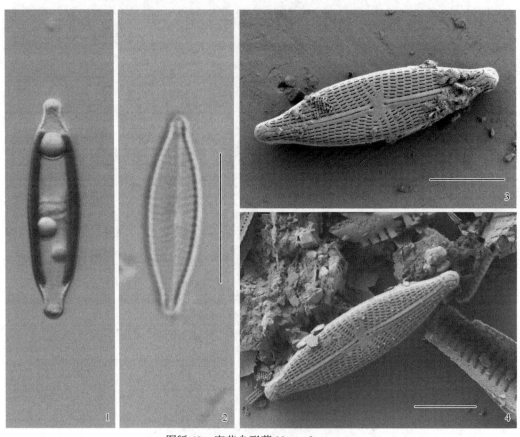

图版 42　密花舟形藻 *Navicula caterva*
1、2. 光镜照片，标尺 =10 μm；3、4. 电镜照片，标尺 =5 μm

43) 隐头舟形藻 *Navicula cryptocephala* Kützing 1844　　图版 43

鉴定文献：Krammer and Lange-Bertalot, 1991b, p. 376, pl. 64, Figs. 1～8.

特征描述：壳面披针形，两端逐渐变窄，呈微喙状或者亚头状，轴区窄，中央呈圆形到横椭圆形，略不对称；线纹在壳面中间呈辐射状排列，两端会聚，近平行状排列，每 10 μm 内具有 16～22 条。壳面长 40.5～44.0 μm，宽 8.0～10.0 μm。

采样分布：沙河渡槽进口至穿黄工程北岸断面、古运河暗渠、天津外环河断面。

生境：世界性广布种；生长于湖泊、湖泊沿岸带、池塘、河流、溪流、沼泽中。具有较宽的耐受范围，在贫营养、高电解质、弱酸性、富营养、中电解质、弱碱性水体中均可存在。

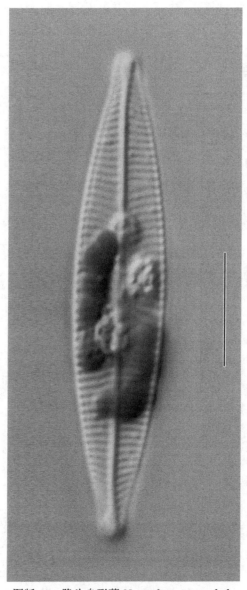

图版 43　隐头舟形藻 *Navicula cryptocephala*
光镜照片，标尺 =10 μm

(25) 格形藻属 *Craticula* Grunow 1867

壳面披针形，中部相对宽，末端钝圆，喙状或延长为头状。线纹明显平行，或几乎平行，在两端会聚。中心区小或者无，中轴区狭窄。

44) 模糊格形藻 *Craticula ambigua* (Ehrenberg) Mann 1990　　图版 44

鉴定文献：Lange-Bertalot, 2001, p. 400, pl. 82, Figs. 4～8.

特征描述：壳面披针形，中部略膨大，两端延长成喙状。中轴区窄，中央区小或无。线纹近平行状排列，每 10 μm 内具有 18 条。壳面长 71.0 μm，宽 18.5 μm。

采样分布：沙河渡槽进口断面。

生境：世界性广布种；常附泥生长，多分布在中或高电解质、富营养的水体中，耐受 β-中污及不含工业废水的有机污染物，甚至耐受 α-中污环境。

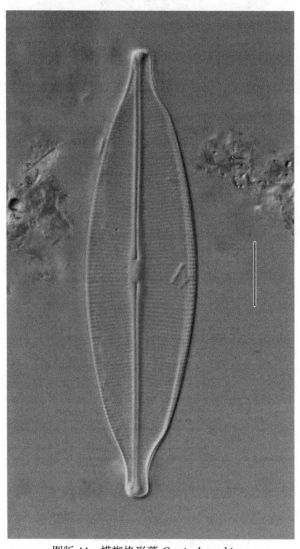

图版 44　模糊格形藻 *Craticula ambigua*
光镜照片，标尺 =10 μm

45）*Craticula buderi* (Hustedt) Lange-Bertalot 2000　图版 45

鉴定文献：Lange-Bertalot, 2001; Sylwia, 2016, p. 3, Figs. 2～14.

特征描述：壳面呈椭圆披针形到披针形，两端延长成喙状，中轴区窄，中央区仅比中轴区域略宽，呈椭圆形。壳缝直。线纹近平行排列，每 10 μm 内具有 20 条。壳面长 33.5 μm，宽 8.0 μm。

采样分布：沙河渡槽进口断面、穿黄工程南岸断面。

生境：世界性广布种；喜盐耐污，对营养水平及水体腐殖质具有较宽的耐受性，在贫至富营养水体，寡污、β-中污以及 α-中污水体中均可存在，也可存在于潮湿的草地或工业废水等周期性潮湿的生境中。

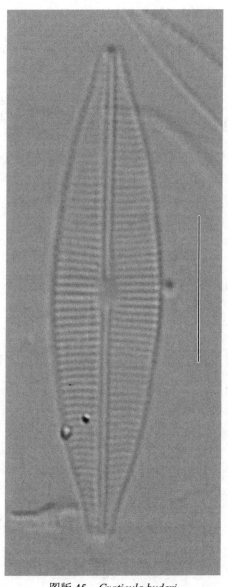

图版 45　*Craticula buderi*
光镜照片，标尺 =10 μm

（26）布纹藻属 *Gyrosigma* Hassall 1845

壳面呈"S"形，壳缝呈"S"形，线纹由点纹形成，同时平行或者垂直于横轴和纵轴，远壳缝端弯向相反方向。广泛分布于淡水中。

46）尖布纹藻 *Gyrosigma acuminatum* (Kützing) Rabenhorst 1853   图版 46

鉴定文献：Krammer and Lange-Bertalot, 1986, p. 296, Fig. 114: 4, 8; 谭香和刘妍, 2022, p. 125, pl. 131, Figs. 1～3.

特征描述：壳面细长，呈"S"形，具有纵向椭圆形的中央区；近缝端向相反方向弯曲。壳面中部横线纹呈微放射状，向两端渐平行排列，每 10 μm 内具有 13～22 条。壳面长 121.0～123.5 μm，宽 12.5～16.5 μm。

采样分布：陶岔渠首断面、穿黄工程断面、漳河北断面。

生境：淡水、半咸水和咸水种；常生活在湖泊、池塘、水库、溪流、江边水坑、潮湿岩石上等流水或静水环境中。

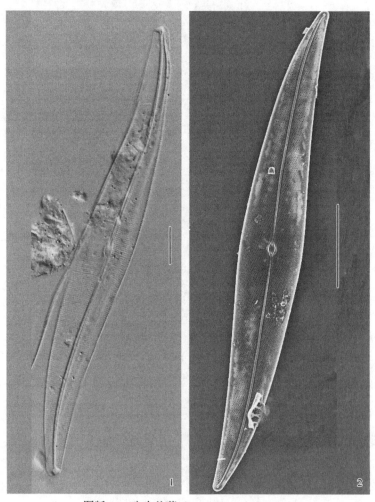

图版 46　尖布纹藻 *Gyrosigma acuminatum*
1. 光镜照片，标尺 =10 μm；2. 电镜照片，标尺 =10 μm

硅藻门 Bacillariophyta

（27）双肋藻属 *Amphipleura* Kützing 1844

壳面沿顶轴方向的一条窄肋骨位于壳面中间，在壳面顶端形成分支，围绕壳缝，形成"针眼"结构，壳缝短，组成线纹的点纹较小，线纹较细。

47）透明双肋藻 *Amphipleura pellucida* (Kützing) Kützing 1844　　图版 47

鉴定文献：Krammer and Lange-Bertalot, 1986, p. 263, pl. 98, Figs. 4～6.

特征描述：壳面线形或者纺锤形，两端具有"针眼"结构，线纹较细，光镜下很难看到线纹；电镜下，线纹在每 10 μm 内具有 40 条。壳面长 69.5～98.0 μm，宽 7.5～8.5 μm。

采样分布：沙河渡槽进口断面。

生境：淡水或者微咸水种；常生活在湖泊、水库、水沟中，常浮于水面，有时附着在草根及水中岩石或者水沟壁上。

图版 47　透明双肋藻 *Amphipleura pellucida*

1. 光镜照片，标尺 =10 μm；2. 电镜照片，标尺 =10 μm

（28）美壁藻属 *Caloneis* Cleve 1894

壳面线形、线形披针形、提琴形、狭披针形到椭圆形，中部常膨大；壳缝直线形，具有圆的中央节和极节，壳缝两侧横线纹互相平行，中部略呈放射状，壳面侧缘具有一到多条与横线纹垂直交叉的纵线。

48）杆状美壁藻 *Caloneis bacillum* (Grunow) Cleve 1894　图版 48

鉴定文献：Krammer and Lange-Bertalot, 1986, p. 390, pl. 173, Figs. 9～20.

特征描述：壳面线形，末端圆形；中轴区窄，线形，中央区横矩形；壳缝直，线形；线纹呈近平行排列，每 10 μm 内有 23 条。壳面长 14.5 μm，宽 5.0 μm。

采样分布：西黑山进口闸至天津外环河断面。

生境：淡水、微咸水种；常生长在河流、湖泊、水库、溪流、水塘、稻田等流水或静水环境中。

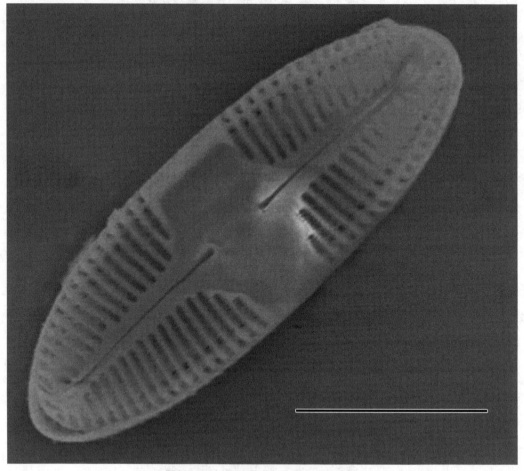

图版 48　杆状美壁藻 *Caloneis bacillum*
电镜照片，标尺 =5 μm

硅藻门 Bacillariophyta

49）*Caloneis limosa* var. *biconstricta* (Grunow) Foged 1981   图版 49

鉴定文献：Foged, 1981, p. 59, pl. 17, Figs. 7~8.

特征描述：壳面线形披针形，中间和两端膨大，壳面末端尖形或楔形，中央区菱形，两侧分别有 1 月牙状凹陷，近壳缝端直，远壳缝端弯向同侧。壳面长 32.5 μm，宽 8.0 μm。

采样分布：漳河北断面。

生境：可着生于贫营养生境中。

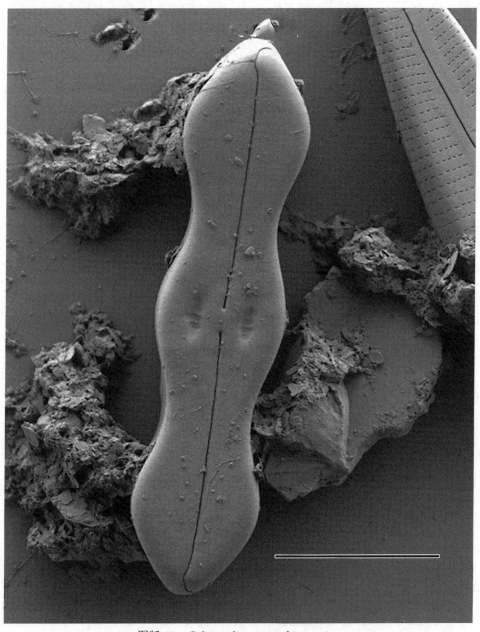

图版 49   *Caloneis limosa* var. *biconstricta*
电镜照片，标尺 =10 μm

(29) 双壁藻属 *Diploneis* (Ehrenberg) Cleve 1894

壳面椭圆形、卵圆形到线形，末端钝圆；壳缝呈直线形，中央节侧缘形成硅质的角状凸起，壳缝位于其中，凸起外侧具有纵沟，纵沟外侧具有点状的横线纹，或者具有横向肋纹，带面长方形，无间生带和隔片。

50）小圆盾双壁藻 *Diploneis parma* Cleve 1981   图版 50

鉴定文献：Krammer and Lange-Bertalot, 1986, p. 660, pl. 109, Figs. 1～7.

特征描述：壳面宽椭圆形到线形椭圆形，末端钝圆，中央区小，呈近圆形，两侧纵沟窄，横肋纹粗，通常由双排线纹组成，呈微辐射状排列。电镜下观察，线纹由圆形或椭圆形孔纹组成，孔纹具结构复杂的筛板；线纹在每 10 μm 内具有 17～20 条。壳面长 12.5～15.0 μm，宽 6～7.5 μm。

采样分布：鲁山落地槽至团城湖断面。

生境：淡水种；常生长在西北地区的湖泊和水库中。

图版50　小圆盾双壁藻 *Diploneis parma*
1. 光镜照片，标尺 =5 μm；2、3. 电镜照片，标尺 =5 μm

硅藻门 Bacillariophyta

(30) 鞍型藻属 *Sellaphora* Mereschkowsky 1902

壳面线形、椭圆形或披针形，末端钝圆，常具有"T"形的硅质加厚，某些种类在两端具有明显的横向加厚，壳缝两侧具有纵向的无纹区，线纹由单列点纹组成。

51) *Sellaphora atomoides* (Grunow) Wetzel & Van de Vijver 2015　图版 51

鉴定文献：Wetzel et al., 2015, p. 214, Figs. 183～220, 308～318.

特征描述：壳面线形至线形椭圆形，末端宽圆；中央区呈蝴蝶结形；线纹呈放射状排列，每 10 μm 内具有 22 条。壳面长 11.3 μm，宽 3.5 μm。

采样分布：沙河渡槽进口至团城湖断面。

生境：着生于潮湿的生境中。

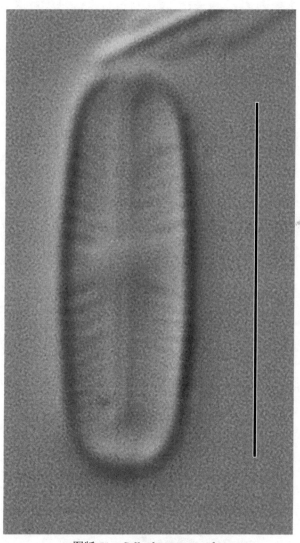

图版 51　*Sellaphora atomoides*
光镜照片，标尺 =10 μm

52）瞳孔鞍型藻 *Sellaphora pupula* (Kützing) Mereschkovsky 1902　　图版 52

鉴定文献：王全喜和邓贵平，2017, p. 185, pl. 9, Fig. 152; 刘静等, 2013, p. 65, pl. XXX, Figs. 6～9.

特征描述：壳面线形披针形到椭圆形，末端钝圆，喙状或者亚头状，中轴区窄，中央区形状多变，通常不规则，其周围的线纹长短不一、交错排列；壳面顶端具有明显的横向加厚；线纹在壳面中间呈辐射状排列，两端渐平行，每 10 μm 内具有 22 条。壳面长 22.7 μm，宽 6.04 μm。

采样分布：沙河渡槽进口至团城湖断面。

生境：世界性广布种；常见于中性至碱性、营养及有机质丰富的生境中，对盐度不敏感。

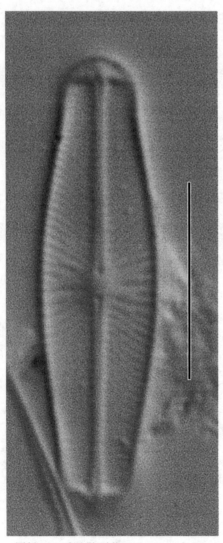

图版 52　瞳孔鞍型藻 *Sellaphora pupula*
光镜照片，标尺 =10 μm

53）施氏鞍型藻 *Sellaphora stroemii* (Hustedt) Kobayasi 2002　图版 53

鉴定文献：谭香和刘妍, 2022, p. 119, pl. 124, Figs. 1～5; Bey and Ector, 2013, p. 723, Figs. 1～4.

特征描述：壳面椭圆形到线形，两侧的中央区部分有轻微的凸起；顶端椭圆形或轻微亚椭圆形；中轴区具有狭窄的线形纵向区域，中央区为横向矩形，近壳缝端膨大，远缝端向同侧弯曲。中央区两侧为短的或不规则的线纹，线纹在每 10 μm 内具有 24 条。壳面长 9.0～13.0 μm，宽 3.5～4.0 μm。

采样分布：团城湖断面、沙河渡槽进口断面基质附着。

生境：世界性广布种；主要生活在石灰岩环境中，以及中等矿物质含量、有机质及营养含量低的环境中。

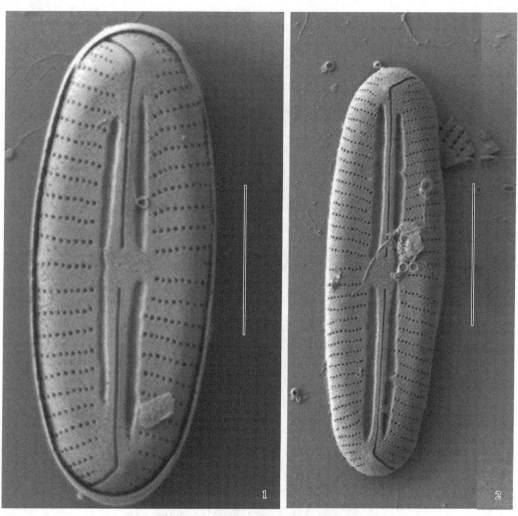

图版 53　施氏鞍型藻 *Sellaphora stroemii*
1. 电镜照片，标尺 =3 μm；2. 电镜照片，标尺 =5 μm

54）拟杆状鞍型藻 *Sellaphora pseudobacillum* (Grunow) Lange-Bertalot & Metzeltin 2009　图版 54

鉴定文献：Metzeltin et al., 2009, p. 100.

特征描述：壳面椭圆形到线形椭圆形，两端钝圆形，中轴区窄，中央区圆形，顶端椭圆形或轻微亚椭圆形。中轴区具有狭窄的线形纵向区域，近壳缝端膨大，远缝端向同侧弯曲且具有横向加厚；线纹在中部呈辐射状排列，两端渐平行，每 10 μm 内具有 19 条。壳面长 21 μm，宽 7 μm。

采样分布：沙河渡槽进口断面。

生境：淡水种。

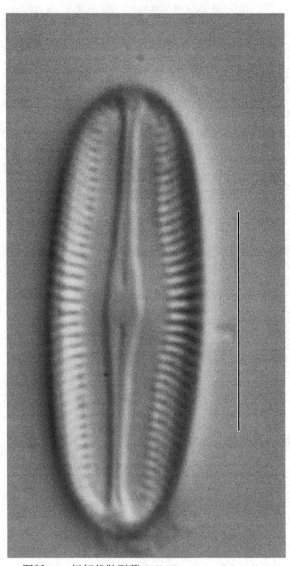

图版 54　拟杆状鞍型藻 *Sellaphora pseudobacillum*
光镜照片，标尺 =10 μm

55）*Sellaphora* sp. 1　图版 55

特征描述：壳面椭圆形到线形椭圆形，两端钝圆形；中轴区窄，中央区圆形，壳面顶端具有横向加厚，近壳缝端膨大，远缝端向同侧弯曲；线纹在中部呈辐射状排列，两端渐平行，每 10 μm 内具有 18 条。壳面长 31.5 μm，宽 7.5 μm。

采样分布：团城湖断面、沙河渡槽进口断面附着生长。

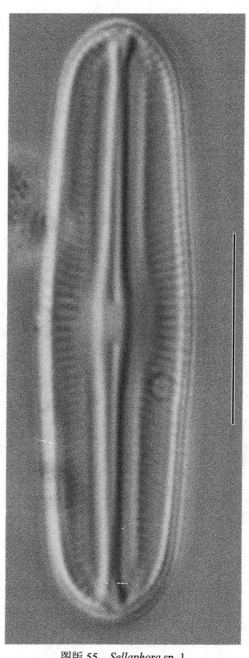

图版 55　*Sellaphora* sp. 1
光镜照片，标尺 =10 μm

16. 桥弯藻科 Cymbellaceae

（31）双眉藻属 *Amphora* Ehrenberg & Kützing 1844

壳面两侧明显不对称，具有明显的背腹之分，新月形，末端钝圆延长成头状，中轴区明显偏于腹侧一侧，壳缝直或弯曲，带面椭圆形。

56）虱形双眉藻 *Amphora pediculus* (Kützing) Grunow 1875　图版 56

鉴定文献：Metzeltin et al., 2005, p. 508, pl. 132, Figs. 5～16.

特征描述：壳面半椭圆形，两侧明显不对称，具有明显的背腹之分，背侧边缘拱形，腹侧平直或稍凹；壳缝直，近壳缝端直，远壳缝端向腹侧弯曲；中央区延伸至壳面边缘，背侧线纹在中间平行，两端略辐射，腹侧线纹在中间略辐射，两端会聚，腹侧线纹比背侧线纹短，每 10 μm 内具有 15 条。壳面长 9.0～13.0 μm，宽 2.0～3.0 μm。

采样分布：鲁山落地槽至穿黄工程北岸断面、古运河暗渠断面。

生境：生长在稻田、水坑、池塘、湖泊、水库、河流、溪流、沼泽中，以及潮湿的岩壁上，常附着在其他藻类上。可生长在中度矿化、有机质含量低、营养丰富的生境中。

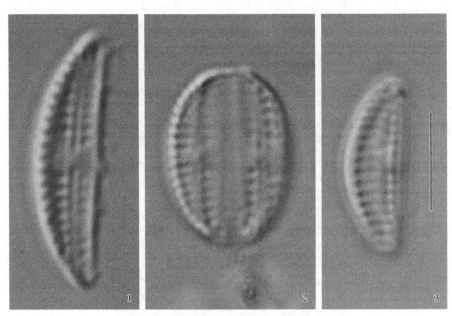

图版 56　虱形双眉藻 *Amphora pediculus*
1～3. 光镜照片，标尺 =5 μm

硅藻门 Bacillariophyta

（32）桥弯藻属 *Cymbella* Agardh 1830

壳面上下对称，左右不对称，具有背腹之分，壳缝位于壳面近中部，远缝端弯向壳面背缘，具有顶孔区；线纹明显，常呈放射状排列，部分种类中央区具有孤点，孤点位于腹侧。

57）新细角桥弯藻 *Cymbella neoleptoceros* Krammer 2002　　图版 57

鉴定文献：Krammer, 2002, p. 134, pl. 157, Figs. 1~19.

特征描述：壳面菱形状披针形，背腹之分明显，背缘明显呈弓形弯曲，腹缘呈弓形弯曲，中部膨大；中轴区披针形，中央区不明显。壳缝明显弯曲，近缝端有靠近腹侧的偏转；线纹在中部平行排列，在末端呈辐射状，每 10 μm 内具有 9~11 条。壳面长 25.0~28.0 μm，宽 7.5~8.5 μm。

采样分布：陶岔渠首断面、团城湖断面。

生境：温带广布种，附植或附石；在流淌的或钙饱和的水体和湖泊中、贫营养到弱中营养、中等电导率水体中均可存在。

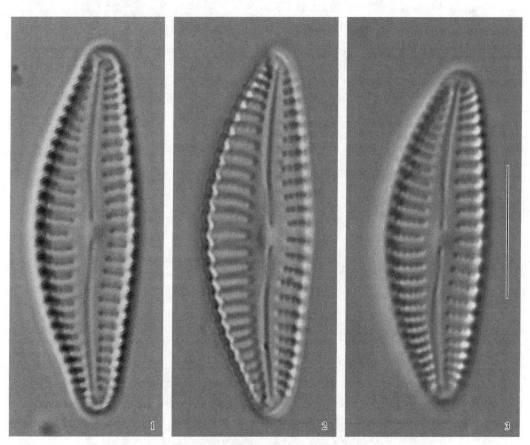

图版 57　新细角桥弯藻 *Cymbella neoleptoceros*
1~3. 光镜照片，标尺 =10 μm

58) 汉茨桥弯藻 *Cymbella hantzschiana* Krammer 2002　图版58

鉴定文献：Krammer, 2002, p. 47, pl. 28, Figs. 1～6; 王全喜和邓贵平, 2017, p. 134, pl. 9, Fig. 62.

特征描述：壳面呈半月形，有明显背腹之分，中部膨大并向两端渐窄，腹侧中部凸出；壳缝略偏于腹侧，中央区无孤点；线纹呈辐射状排列，每10 μm内具有10～13条。壳面长46～50.5 μm，宽12.5～14.0 μm。

采样分布：鲁山落地槽断面、天津外环河断面。

生境：温带广布种；生活于贫营养型至中营养型、中等电解质生境中。

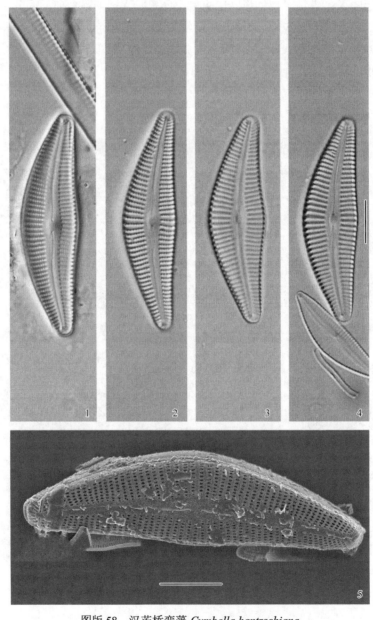

图版58　汉茨桥弯藻 *Cymbella hantzschiana*
1～4.光镜照片，标尺=10 μm; 5.电镜照片，标尺=10 μm

59）膨胀桥弯藻 *Cymbella tumida* (Brébisson & Kützing) Van Heurck 1880
图版 59

鉴定文献：谭香和刘妍, 2022, p. 36, pl. 37, Figs. 1~5.

特征描述：壳面新月形，有明显背腹之分，背缘凸出，腹缘近平直，中部略凸出，两端延长成喙状，末端宽截形；中轴区狭窄，中央区圆形。壳缝略偏于腹侧，弯曲成弓形，远缝端强烈弯向背侧，近缝端偏折，腹侧具有 1 孤点。横线纹由点纹形成，略呈辐射状，线纹在每 10 μm 内具有 11 条。壳面长 62.5 μm，宽 17.5 μm。

采样分布：穿黄工程南岸断面、穿黄工程北岸断面、西黑山进口闸断面。

生境：淡水广布种；生长在稻田、水坑、池塘、湖泊、水库、河流、溪流、沼泽中；温带、亚热带尤其是在热带广泛存在，在沿海地带不流动的水体和河流中，以及热带地区的春季尤为丰富；喜贫营养到中营养、高电解质水体。

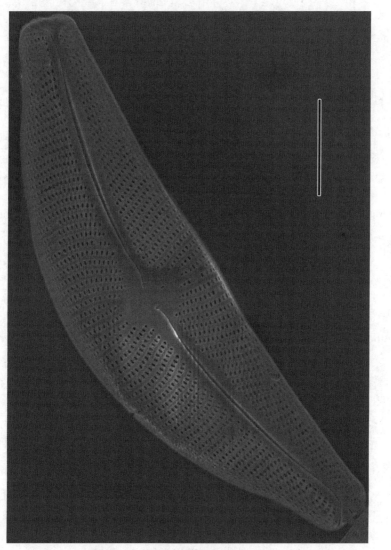

图版 59　膨胀桥弯藻 *Cymbella tumida*

电镜照片，标尺 =10 μm

60）*Cymbella* sp. 1　图版 60

特征描述：壳面具有背腹之分，呈披针形，两侧呈弓形弯曲，两端渐尖，端部狭圆形；壳缝偏于腹侧，中轴区窄线形，中央区明显向背侧扩大，具有短的线纹，形成空白的矩形区。线纹呈辐射状排列，每 10 μm 内具有 10～12 条。壳面长 35.0～40.5 μm，宽 6.5～7.0 μm。

采样分布：西黑山进口闸断面至团城湖断面。

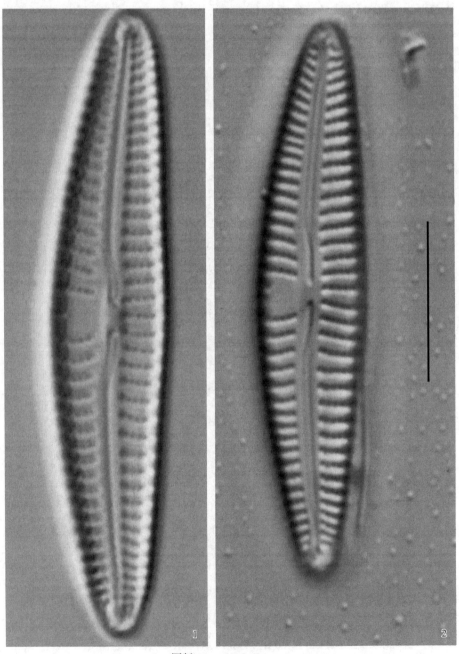

图版 60　*Cymbella* sp. 1
1、2. 光镜照片，标尺 =10 μm

(33) 内丝藻属 *Encyonema* Kützing 1833

背腹之分明显，壳面沿横轴对称，沿纵轴不对称，背侧拱形，腹侧直或者接近平直，远缝端向腹侧弯曲，近缝端末端常膨大成孔状，弯向背侧；壳面无顶孔区，线纹单列，孤点可能存在，如果存在常位于背侧。

61) 湖生内丝藻 *Encyonema lacustre* (Agardh) Mills 1934　　图版 61

鉴定文献：Krammer, 1997a, pl. 113, Figs. 1～11; 刘静等, 2013, p. 71, pl. XXXIII, Figs. 15～16.

特征描述：壳面线形披针形，几乎无背腹之分，沿着纵轴近乎对称，两端呈钝圆形；中轴区窄，腹侧中央区域附近具有短的线纹，近缝端末端常膨大，略向背侧弯曲，远缝端呈钩状，向腹侧弯曲；线纹由裂缝状点纹形成，近平行排列，每 10 μm 内具有 8～9 条。壳面长 27～32.1 μm，宽 5.2～7.4 μm。

采样分布：穿黄工程北岸断面、西黑山至惠南庄断面。

生境：生长于河流、水库中，喜中性偏碱性、矿物质含量丰富的生境。

图版 61　湖生内丝藻 *Encyonema lacustre*
1～5. 光镜照片，标尺 =10 μm; 6. 电镜照片，标尺 =5 μm

62）莱布内丝藻 *Encyonema leibleinii* (Agardh) Silva 2013　图版 62

鉴定文献：Silva et al., 2013, p. 123, Figs. 10～17.

特征描述：壳面通常较大，壳面顶端较宽，呈现弯曲喙状，远缝端在到达壳面边缘前终止；线纹在壳面中部呈辐射状排列，在末端呈近平行或微辐射状排列，每 10 μm 内具有 8～13 条。壳面长 62.5～67.5 μm，宽 20.0～21.0 μm。

采样分布：穿黄工程北岸断面。

生境：淡水常见种；尤其是在静止的水体中，常以群体存在于黏附在基质上的黏液管中。

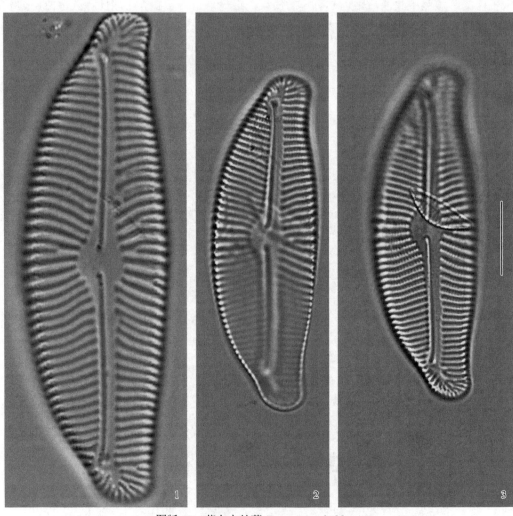

图版 62　莱布内丝藻 *Encyonema leibleinii*

1～3. 光镜照片，标尺 =10 μm

63）小内丝藻 *Encyonema minutum* (Hilse) Mann 1990　图版 63

鉴定文献：Krammer, 1997a, pl. 6, Figs. 19～27; 刘静等, 2013, p. 71, pl. XXXIV, Figs. 3～4.

特征描述：壳面具有明显的背腹之分，背侧明显呈弓形弯曲，腹侧近乎平直，中部略凸出，末端呈喙状；壳缝直，线形，中央区明显；线纹微辐射状排列，每 10 μm 内具有 16～17 条。壳面长 12.5～13.5 μm，宽 4.0～4.5 μm。

采样分布：陶岔渠首断面、穿黄工程北岸断面、古运河暗渠至惠南庄北拒马河断面。

生境：世界性广布种；生长于中性 pH、中等矿化、中营养型生境中。

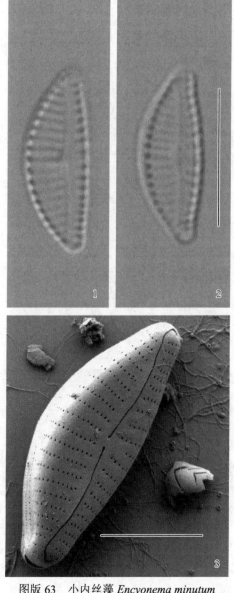

图版 63　小内丝藻 *Encyonema minutum*
1、2. 光镜照片，标尺 =10 μm；3. 电镜照片，标尺 =5 μm

64）短头内丝藻 *Encyonema brevicapitatum* Krammer 1997   图版 64

鉴定文献：Krammer, 1997b, p. 100, pl. 27, Figs. 1～9.

特征描述：壳面具有明显的背腹之分，背侧呈弓形弯曲，腹侧略凸出，末端呈小头状；壳缝几乎中位，中轴区为窄线形，中央区不明显；横线纹微辐射状排列，每 10 μm 内具有 18 条。壳面长 13.0～14.5 μm，宽 4.0～4.5 μm。

采样分布：陶岔渠首断面、穿黄工程北岸断面、古运河暗渠至惠南庄北拒马河断面。

生境：淡水种；可见于贫营养至中营养、氧含量丰富的水体中。

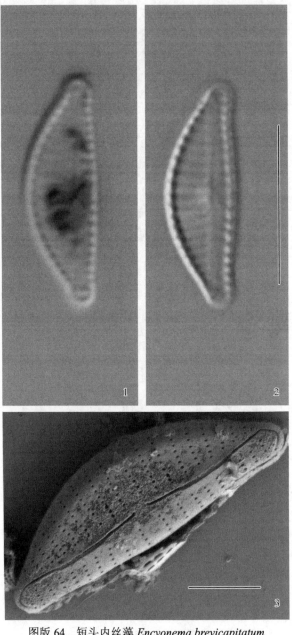

图版 64　短头内丝藻 *Encyonema brevicapitatum*
1、2. 光镜照片，标尺 =10 μm；3. 电镜照片，标尺 =3 μm

65) *Encyonema yellowstonianum* Krammer 1997　图版 65

鉴定文献：Krammer, 1997b, pl. 64, Figs. 4～6.

特征描述：壳面具有强烈的背腹之分，背侧缘宽弓形，腹侧缘膨大，两端尖圆形；横线纹在每 10 μm 内具有 10～12 条。壳面长 34.6～37.1 μm，宽 11.0～12.4 μm。

采样分布：西黑山断面、惠南庄断面。

生境：淡水种。

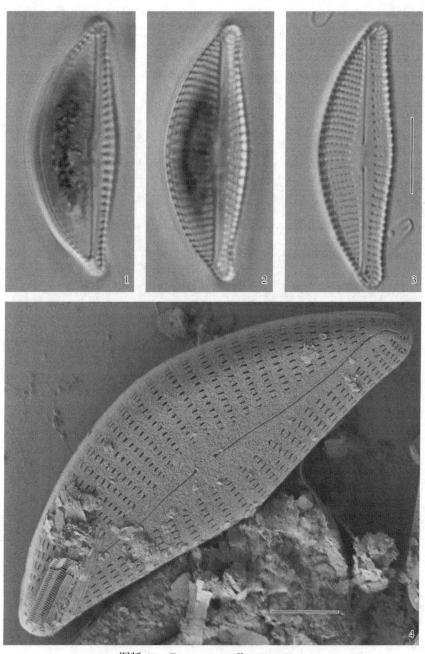

图版 65　*Encyonema yellowstonianum*
1～3. 光镜照片，标尺 =10 μm；4. 电镜照片，标尺 =5 μm

（34）拟内丝藻属 *Encyonopsis* Krammer 1997

壳面具有轻微背腹性，壳面沿长轴略微不对称，两端尖或喙状，如果具有孤点，一般位于壳面中央区背侧，壳缝位于壳面的中央区域，远缝端弯向壳面腹侧。无顶孔区。

66）小头拟内丝藻 *Encyonopsis microcephala* (Grunow) Krammer 1997　　图版 66

鉴定文献：Krammer, 1997b, pl. Ⅷ, Figs. 36～39.

特征描述：壳面沿顶轴不对称，背缘明显凸出，腹缘略凸出，近椭圆形，末端延长成小头状；中轴区窄，中央区不明显；横线纹在中部呈近平行排列，末端略呈辐射状排列，每 10 μm 内具有 22～25 条。壳面长 14.0～17.0 μm，宽 3.5～4.5 μm。

采样分布：陶岔渠首至惠南庄断面，干渠各断面常见种。

生境：生态分布特点尚不确定，对石灰岩环境的污染较为敏感。

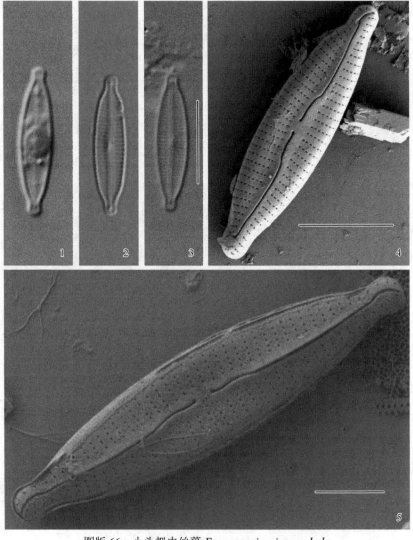

图版 66　小头拟内丝藻 *Encyonopsis microcephala*

1～3. 光镜照片，标尺 =10 μm；4. 电镜照片，标尺 =10 μm；5. 电镜照片，标尺 =5 μm

（35）弯肋藻属 *Cymbopleura* (Krammer) Krammer 1997

壳面呈椭圆形、椭圆披针形、披针形或者线形，不具有或者具有轻微的背腹之分，两侧近乎平行，末端形状多变；壳缝偏斜，近缝端反曲或直，远缝端弯向背侧；中央区无孤点；壳面末端无孔顶区；线纹由细孔状或线形细孔状点纹组成。

67）双头弯肋藻 *Cymbopleura amphicephala* (Naegeli) Krammer 2003　　图版 67

鉴定文献：Krammer, 2003, p. 372, pl. 91, Figs. 1～18; 施之新, 2013, p. 94, pl. 25, Figs. 4～5.

特征描述：壳面呈椭圆形，略有背腹之分，背腹两侧缘都呈弓形弯曲，两端头状；壳缝略偏于腹侧，中轴区窄线形，中央区小；线纹略呈辐射状排列，每 10 μm 内具有 13～16 条。壳面长 21.5～29.5 μm，宽 7.0～8.5 μm。

采样分布：鲁山落地槽断面、穿黄工程南岸断面，以及漳河北、西黑山至团城湖断面。

生境：世界性广布种；广泛分布于温带的贫营养或中营养型、低至中电解质含量的生境中。

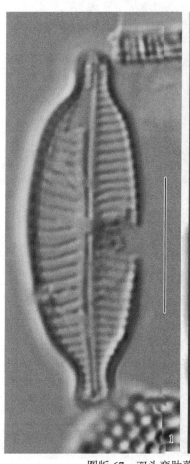
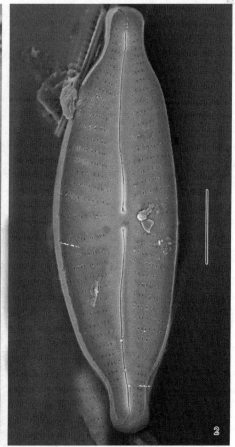

图版 67　双头弯肋藻 *Cymbopleura amphicephala*
1. 光镜照片，标尺 =10 μm; 2. 电镜照片，标尺 =5 μm

（36）优美藻属 *Delicata* Krammer 2003

壳面具有背腹之分，披针形、椭圆披针形或者菱形披针形，在近缝端强烈地翻折，且明显折向腹侧，远缝端弯向背侧；中轴区向壳面中部变宽，中央区不明显或者扩大，无孤点；壳面末端无顶孔区。

68）优美藻 *Delicata delicatula* (Kützing) Krammer 2003 图版 68

鉴定文献：Krammer, 2003, p. 113, pl. 129, Figs. 1～30; 施之新, 2013, p. 73, pl. 19, Fig. 4.

特征描述：壳面半月形，具有背腹之分，背缘适度地呈弓形弯曲，腹缘略弓形，两端略延长成短喙状；中轴区窄线形，中央区无孤点；横线纹辐射状排列，每 10 μm 内具有 17～19 条。壳面长 26.5～32.0 μm，宽 5.5～6.5 μm。

采样分布：陶岔渠首至穿黄工程南岸断面、漳河北至团城湖断面。

生境：世界性广布种；可生长于温带到北极地带，以及热带中适宜的生境中，尤其在泉水中数量较大，常见于碱性、氧含量高、营养偏低、有机质水平偏低的生境中。

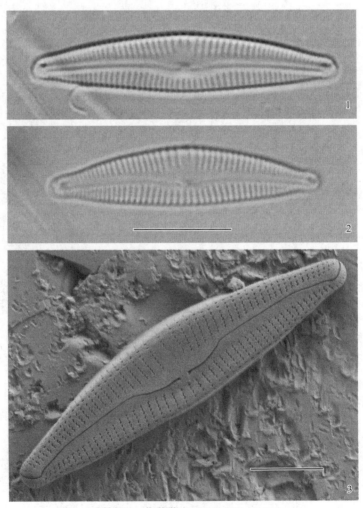

图版 68 优美藻 *Delicata delicatula*
1、2. 光镜照片，标尺 =10 μm；3. 电镜照片，标尺 =5 μm

69）维里纳优美藻 *Delicata verena* Lange-Bertalot & Krammer 2003   图版 69

鉴定文献：Krammer, 2003, p. 465, pl. 137, Figs. 1～11; 施之新, 2013, p. 75, pl. 20, Fig. 4.

特征描述：壳面半椭圆披针形，具有背腹之分，背缘适度地呈弓形弯曲，腹缘略弓形，末端喙状；中轴区窄线形，近缝端明显翻折，远缝端向背侧弯曲，中央区不明显；横线纹辐射状排列，线纹在每 10 μm 内具有 16～19 条。壳面长 23.5～35.0 μm，宽 6.0～7.5 μm。

采样分布：沙河渡槽进口至团城湖断面。

生境：常生长于贫营养的清泉、瀑布中，以及贫营养、中电导率的湖泊中。

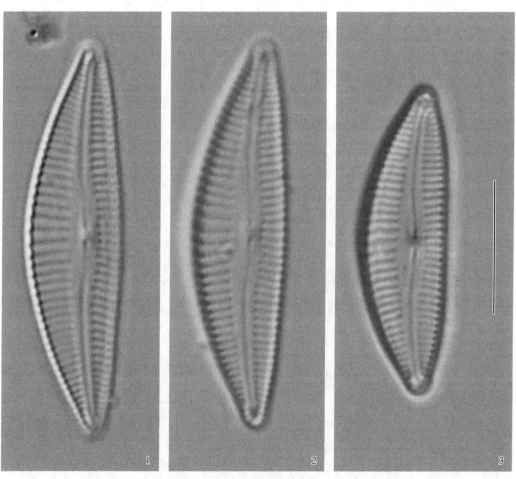

图版 69   维里纳优美藻 *Delicata verena*
1～3. 光镜照片，标尺 =10 μm

17. 异极藻科 Gomphonemaceae

（37）异极藻属 *Gomphonema* Ehrenberg 1832

壳体略呈棒状，带面观楔形。壳面异极，上下两端不对称，上部相对窄而宽，下部相对长而狭窄，末端截形；中央区常可见1至多个孤点，壳面底端具有顶孔区；线纹由单或双列的点孔纹形成，呈放射状或平行排列。

70）纤细异极藻 *Gomphonema gracile* Ehrenberg 1838 图版 70

鉴定文献：Levkov, 2016, p. 232, pl. 44, Figs. 1～25.

特征描述：壳面线形披针形，顶端延长成尖圆形，壳面最宽处位于中部，向两端逐渐狭窄；中央区具有1孤点，中轴区窄，线形，中央区小，近圆形；壳面无明显纵向线，横线纹近乎平行排列，每10 μm 内具有12～13条。壳面长48.0～64.5 μm，宽7.5～10.5 μm。

采样分布：沙河渡槽进口断面、惠南庄断面、团城湖断面。

生境：生长于稻田、水塘、水库、岩壁、泉水、溪流、河流、湖泊等生境中，喜贫营养环境，能适应较宽的pH及电导率。

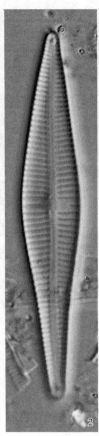
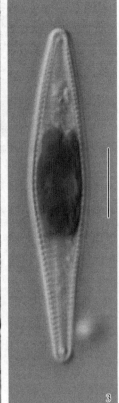
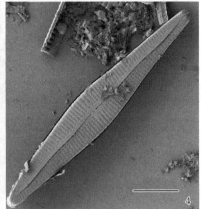

图版 70 纤细异极藻 *Gomphonema gracile*

1～3. 光镜照片，标尺 =10 μm；4. 电镜照片，标尺 =10 μm

71）岛屿异极藻 *Gomphonema insularum* Kociolek, Woodward & Graeff 2016
图版 71

鉴定文献：Kociolek et al., 2016, Figs. 1~16.

特征描述：壳面线形披针形，两端狭窄，中部略膨大；中轴区线形披针形，中央区一侧具有 1 孤点；横线纹短，中部线纹短于两端，略微辐射排列，每 10 μm 内具有 12~13 条。壳面长 37.5 μm，宽 5.5 μm。

采样分布：沙河渡槽进口断面基质上附着。

生境：可见生长于溪流、湖泊中。

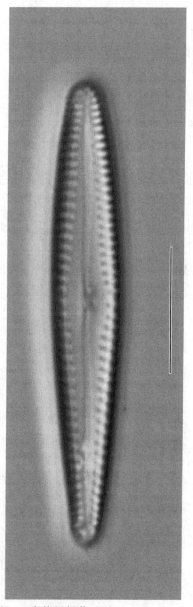

图版 71　岛屿异极藻 *Gomphonema insularum*
光镜照片，标尺 =10 μm

72）壶形异极藻 *Gomphonema lagenula* Kützing 1844　　图版 72

鉴定文献：Levkov, 2016; Krammer and Lange-Bertalot, 1991b, p. 402, pl. 77, Fig. 3.

特征描述：壳面似卵状披针形，上端延长凸出成头状或喙状；壳缝直，呈线形；中轴区窄，中央区不对称，中央区两侧的线纹间隔明显较宽；横线纹近乎平行排列，每 10 μm 内具有 14 条。壳面长 21.5 μm，宽 7.5 μm。

采样分布：鲁山落地槽断面、穿黄工程南岸断面、漳河北断面、西黑山至团城湖断面。

生境：可见于溪流、湖泊中。

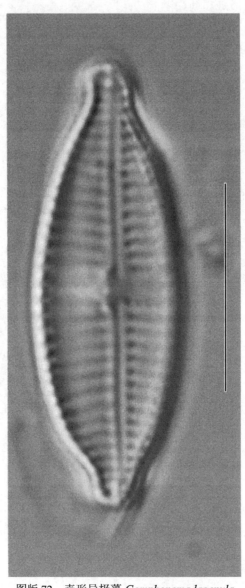

图版 72　壶形异极藻 *Gomphonema lagenula*
光镜照片，标尺 =10 μm

（38）中华异极藻属 *Gomphosinica* Kociolek, You & Wang 2015

壳体呈棒状或者棍状，带面观楔形。壳面上下不对称，上端呈宽圆形或者头状，下端呈喙状。中轴区窄线形；壳缝直，远缝端向同侧弯曲，近缝端膨大成水滴状；中央区具有 1 个圆形孤点；线纹通常由 2～3 列点纹组成。壳面底端具有孔顶区。

73）*Gomphosinica geitleri* (Kociolek & Stoermer) Kociolek, You & Wang 2015
图版 73

鉴定文献：Kociolek et al., 2015.

特征描述：壳面呈棍棒状，顶端呈宽圆形，底端呈喙状；中轴区窄；中央区线纹末端具有 1 孤点，圆形；壳缝直，远缝端向同侧弯曲，近缝端膨大成水滴状，靠近中心区域的一些线纹不规则，明显缩短。电镜下线纹双列，每 10 μm 内具有 24 条。壳面长 21.1 μm，宽 4.4 μm。

采样分布：鲁山落地槽至团城湖断面。

生境：可附着生长，曾报道被发现在流量适中（2.5 cm/s）、冷水（0～10℃）、碱性（pH 为 7.5～8.5）、氧含量丰富（8.6～11 mg/L）、营养水平低至中等的水体中。

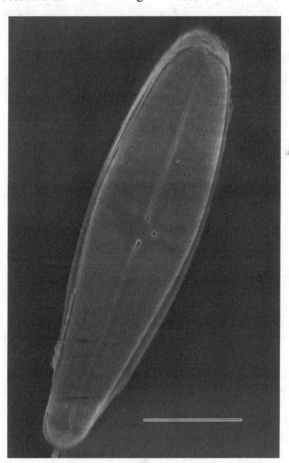

图版 73　*Gomphosinica geitleri*
电镜照片，标尺 =5 μm

(十一)单壳缝目 Monoraphidinales

18. 曲丝藻科 Achnanthidiaceae

(39) 曲丝藻属 *Achnanthidium* Kützing 1844

壳面较小,且窄;带面呈浅"V"形,具壳缝面凹。具壳缝面,中轴区窄线形,中央区有时扩展到壳缘;横线纹由单列点纹组成,平行或呈辐射状排列。无壳缝面,中轴区窄线形,中央区不明显,线纹略微辐射或平行排列。

74) *Achnanthidium saprophilum* (Kobayashi & Mayama) Round & Bukhtiyarova 1996 图版 74

鉴定文献:Round and Bukhtiyarova, 1996, p. 349.

特征描述:壳面呈椭圆形至狭椭圆形,长 8.5~9.0 μm,宽 3.0~3.5 μm。具壳缝面中央区小,中轴区呈窄披针形,线纹在每 10 μm 内具有 32 条;无壳缝面中央区小,中轴区呈披针形,线纹在每 10 μm 内具有 36 条。扫描电镜下观察,具壳缝面,壳缝直,在近缝端末端呈水滴状,点纹大,呈矩形至不规则圆形,中央区每条线纹由 2~5 个点纹组成;无壳缝面,线纹由不规则的点纹组成,中央区每条线纹由 2~5 个点纹组成。

采样分布:沙河渡槽进口至团城湖断面。

生境:附着生长,可附于渠道边缘、水面漂浮植物、丝状藻类或者树枝上,常出现于碳酸钙丰富的水体中。

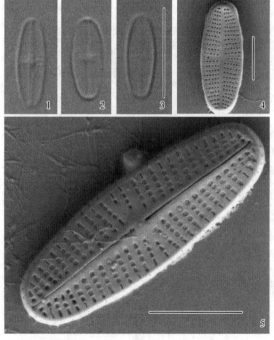

图版 74 *Achnanthidium saprophilum*
1~3.光镜照片,标尺 =10 μm;4、5.电镜照片,标尺 =3 μm

75）三角帆头曲丝藻 *Achnanthidium latecephalum* Kobayasi 1997　图版 75

鉴定文献：Kobayasi, 1997, Figs. 19～40.

特征描述：壳面线形披针形，两端略延长，呈宽头状；具壳缝面凹，壳缝直，近缝端膨大，呈泪滴状；两壳面中轴区均呈线形；线纹平行或者中间呈微辐射状，中部线纹在每 10 μm 内具有 20～26 条，两端达 32～40 条。壳面长 20.3～22.5 μm，宽 3.8～4.8 μm。

采样分布：沙河渡槽进口断面、西黑山断面。

生境：可见于贫营养至中营养型的水体中。

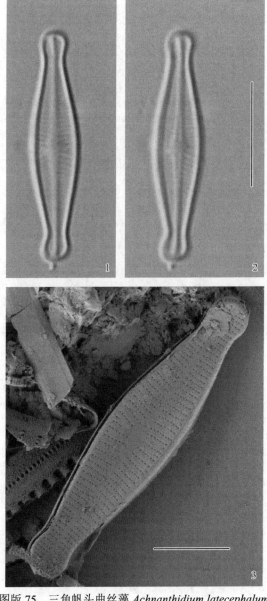

图版 75　三角帆头曲丝藻 *Achnanthidium latecephalum*
1、2. 光镜照片，标尺 =10 μm；3. 电镜照片，标尺 =5 μm

76）杜拉尔曲丝藻 *Achnanthidium druartii* Rimet & Couté 2010　　图版 76

鉴定文献：Ivanov, 2018, p. 197, pl. I, Figs. 1～27; Rimet et al., 2010, p. 188, pl. I, Figs. 24～38.

特征描述：壳面线形披针形，两端略延长。两壳面中轴区窄线形，在壳面的中间部分略微变宽。线纹均微辐射状，中部 15～20 条，两端 36～50 条；壳面中部具 2～4 条缩短的线纹。壳面长 17.1～21.2 μm，宽 4.8～5.2 μm。

采样分布：沙河渡槽进口断面、西黑山断面、团城湖断面。

生境：生长于碱性、矿化程度良好、有机质和营养物丰富的生境中。

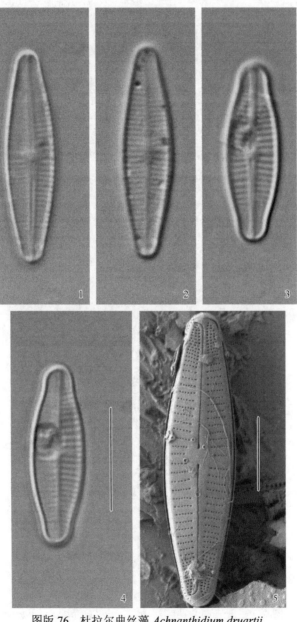

图版 76　杜拉尔曲丝藻 *Achnanthidium druartii*
1～4. 光镜照片，标尺 =10 μm；5. 电镜照片，标尺 =5 μm

77）极小曲丝藻 *Achnanthidium minutissimum* (Kützing) Czarnecki 1994　图版 77

鉴定文献：王全喜和邓贵平，2017, p. 120, pl. 9, Fig. 44.

特征描述：壳面线形披针形，两端略延长，略呈头状；壳缝直，中轴区窄，中央区两侧具缩短的横线纹；线纹由单列点纹组成，略呈辐射状排列，中部线纹在每 10 μm 内具有 20～26 条，两端达 24～37 条。壳面长 10.8～16 μm，宽 2.4～3 μm。

采样分布：陶岔渠首至团城湖断面，干渠常见种。

生境：淡水普生种；常可着生于沉水植物、丝状藻类或者其他基质上。在氧含量丰富时广泛存在，对有机污染敏感，可承受较大的 pH（4.3～9.2）范围，对空气污染具有较强的耐受性。

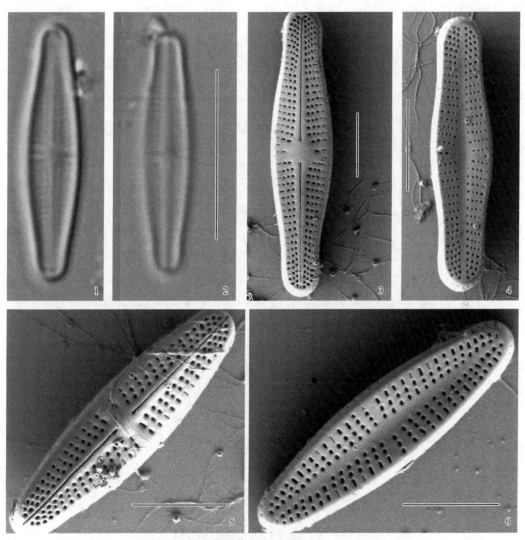

图版 77　极小曲丝藻 *Achnanthidium minutissimum*

1、2. 光镜照片，标尺 =10 μm；3～6. 电镜照片，标尺 =3 μm

78）溪生曲丝藻 *Achnanthidium rivulare* Potapova & Ponader 2004　　图版 78

鉴定文献：刘静等, 2013, p. 19, pl. Ⅸ, Figs. 13～16; Potapova and Ponader, 2004, Figs. 1～18.

特征描述：壳面线形椭圆形，两端呈圆形或略微延长。具壳缝面，中轴区线形披针形，在中间略微加宽，壳缝直，近缝端略膨大，呈泪滴状，线纹平行；无壳缝面，中轴区窄，中部略加宽，横线纹呈辐射状，每 10 μm 内具有 24～25 条。壳面长 11.0～14.0 μm，宽 4～5.0 μm。

采样分布：沙河渡槽进口断面、古运河暗渠断面。

生境：于河流、湖泊中广泛分布。常着生生长，对营养盐具有较高的耐受性，其分布常与离子的组成有关，对低钙和高氯离子浓度具有较高的亲和力。

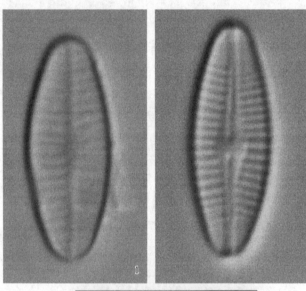

图版 78　溪生曲丝藻 *Achnanthidium rivulare*
1、2.光镜照片，标尺 =10 μm; 3.电镜照片，标尺 =5 μm

79）偏转曲丝藻 *Achnanthidium deflexum* (Reimer) Kingston 2000　　图版 79

鉴定文献：Potapova and Ponader, 2004, Figs. 51～60; 刘静等, 2013, p. 18, pl. Ⅶ, Figs. 9～10.

特征描述：壳面线形椭圆形至椭圆形，两端呈亚喙状；中轴区线形，在中间略加宽，壳缝直，近缝端膨大，呈现泪滴状；中央区两侧具缩短的线纹，横线纹平行或者轻微辐射状，每 10 μm 中部具有 20～21 条，两端具有 40 条。壳面长 22.0～27.0 μm，宽 5.0～5.5 μm。

采样分布：沙河渡槽进口、鲁山落地槽、穿黄工程北岸、漳河北、西黑山进口闸至团城湖断面。

生境：可见于中性水体，如池塘中。常被发现于富含电解质和低营养的水体中。

图版 79　偏转曲丝藻 *Achnanthidium deflexum*
1、2. 光镜照片，标尺 =10 μm；3. 电镜照片，标尺 =5 μm

80）高山曲丝藻 *Achnanthidium alpestre* (Lowe & Kociolek) Lowe & Kociolek 2004　图版 80

鉴定文献：Lowe and Kociolek, 1984, Figs. 2～3; Potapova and Ponader, 2004, Figs. 111～119.

特征描述：壳面线形披针形，末端略延长。具壳缝面凹，中轴区线形，在中部略加宽，壳缝直，近壳缝端膨大成泪滴状；无壳缝面凸，中轴区窄线形；横线纹在两壳面均平行或呈轻微辐射状排列，每 10 μm 内具有 20 条。壳面长 29.5 μm，宽 5.0 μm。

采样分布：沙河渡槽进口、鲁山落地槽断面。

生境：中低营养、氧含量丰富的生境。

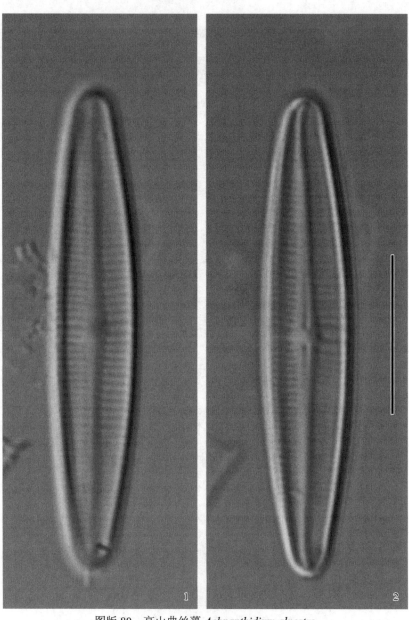

图版 80　高山曲丝藻 *Achnanthidium alpestre*
1、2. 光镜照片，标尺 =10 μm

81）富营养曲丝藻 *Achnanthidium eutrophilum* (Lange-Bertalot) Lange-Bertalot 1999　图版 81

鉴定文献：Lange-Bertalot and Metzeltin, 1996, pl. 78, Figs. 29～38.

特征描述：壳面菱形椭圆形到菱形披针形，末端圆形。具壳缝面，壳缝直，中轴区窄线形；横线纹在整个壳面略呈辐射状排列，每 10 μm 内具有 22～23 条。壳面长 15.5～16.1 μm，宽 4.7 μm。

采样分布：沙河渡槽进口断面。

生境：低到中等有机质、营养丰富的生境。

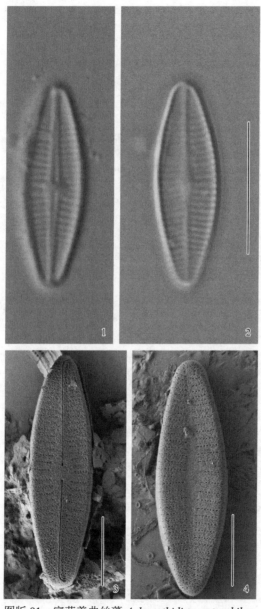

图版 81　富营养曲丝藻 *Achnanthidium eutrophilum*
1、2. 光镜照片，标尺 =10 μm；3、4. 电镜照片，标尺 =5 μm

82）施特劳宾曲丝藻 *Achnanthidium straubianum* (Lange-Bertalot) Lange-Bertalot 1999　图版 82

鉴定文献：Ivanov, 2018, p. 197, Figs. 28～49.

特征描述：壳面椭圆形到线形椭圆形，末端钝圆。中央区两侧线纹缩短，线纹间距离加大，光镜下线纹不明显；电镜下线纹在每 10 μm 内具有 20～23 条。壳面长 5.5～6.0 μm，宽 3.0～3.5 μm。

采样分布：沙河渡槽进口断面、鲁山落地槽断面。

生境：常见于钙含量丰富的中营养型或富营养型河流、泉水和湖泊中。

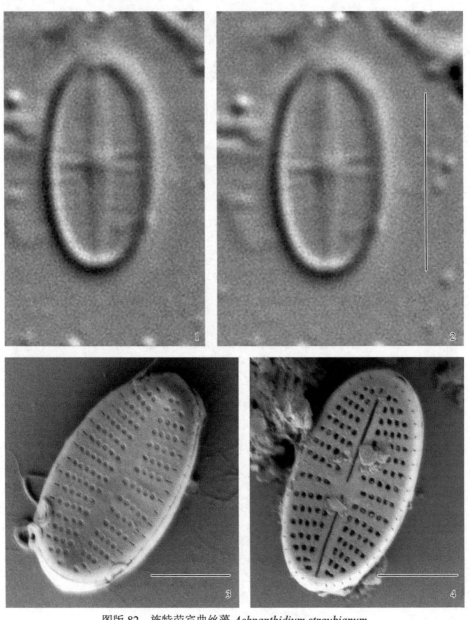

图版 82　施特劳宾曲丝藻 *Achnanthidium straubianum*
1、2. 光镜照片，标尺 =5 μm；3、4. 电镜照片，标尺 =5 μm

83）*Achnanthidium* sp. 1　图版 83

特征描述：壳面线形椭圆形，两端圆形或略延长。中央区两侧具缩短的线纹，横线纹在两壳面均略呈辐射状排列。壳面长 9.5～12.0 μm，宽 2.5～3.0 μm。

采样分布：沙河渡槽进口断面、鲁山落地槽断面。

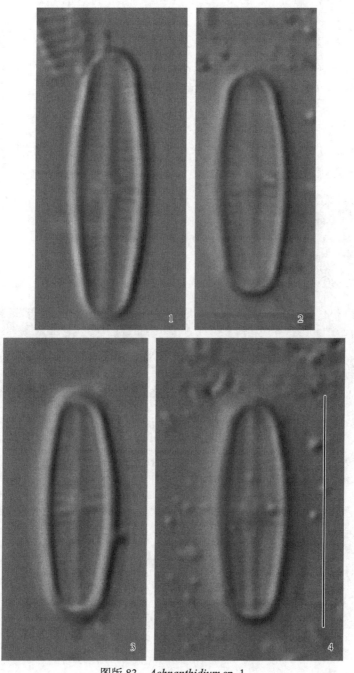

图版 83　*Achnanthidium* sp. 1
1～4. 光镜照片，标尺 =5 μm

（40）卡氏藻属 *Karayevia* Round & Bukhtiyarova 1998

壳面椭圆形或披针形，末端延伸成喙状或者头状。具壳缝面，壳缝直，远缝端弯向同侧，横线纹辐射状排列；无壳缝面，线纹短，由圆形的孔纹形成，线纹近乎平行。

84）克里夫卡氏藻 *Karayevia clevei* (Grunow) Bukhtiyarova 1999　　图版 84

鉴定文献：Bey and Ector, 2013, p. 145, Figs. 1～36; 谭香和刘妍, 2022, p. 93, pl. 96, Figs. 1～10.

特征描述：壳面披针形，末端呈圆形或近喙状。具壳缝面，中轴区窄披针形，壳缝直，近缝端略膨大，线纹辐射状排列；无壳缝面，中轴区窄线形，无中央区，横线纹由单列圆形点纹形成，在壳面中部平行，两端呈辐射状，每 10 μm 内具有 12～14 条。壳面长 16.0～17.5 μm，宽 5.5～5.7 μm。

采样分布：沙河渡槽进口断面、西黑山断面。

生境：世界性广布种；可着生于沉水植物或者砂粒上，生长在碱性、中等至高度矿化和高有机质的生境中。

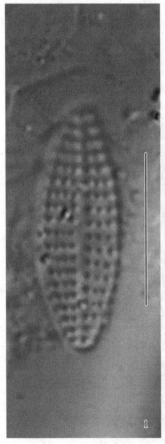

图版 84　克里夫卡氏藻 *Karayevia clevei*
1. 光镜照片，标尺 =10 μm; 2. 电镜照片，标尺 =5 μm

19. 卵形藻科 Cocconeidaceae

（41）卵形藻属 *Cocconeis* Ehrenberg 1837

细胞单生，壳面椭圆形或者宽椭圆形，末端圆形或者略尖。具壳缝面，壳缝直，近缝端和远缝端直；横线纹细，呈辐射状排列，靠近壳缘具一圈无纹区。无壳缝面，中轴区窄线形，无中央区；横线纹由单列的长圆形点纹组成。

85）扁圆卵形藻 *Cocconeis placentula* Ehrenberg 1838　　图版 85

鉴定文献：Bey and Ector, 2013, p. 135, Figs. 1～12.

特征描述：壳面椭圆形或宽椭圆形。具壳缝面，壳缝直；横线纹由单列点纹组成，略呈放射状排列，在壳缘具有一圈无纹区。无壳缝面，中轴区窄线形，点纹长圆形；横线纹在每 10 μm 内具有 18 条。壳面长 30.5～41.0 μm，宽 17.0～22.5 μm。

采样分布：沙河渡槽进口至西黑山进口闸断面、惠南庄北拒马河断面、团城湖断面。

生境：世界性广布种；多着生于水生植物及其他物体上，生长在 pH 接近碱性的中性、中等有机污染和高营养水平的生境中。

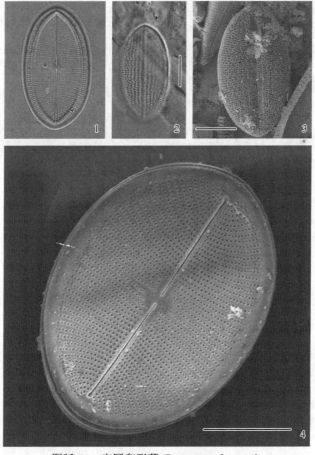

图版 85　扁圆卵形藻 *Cocconeis placentula*
1、2. 光镜照片，标尺 =10 μm；3、4. 电镜照片，标尺 =10 μm

86) 虱形卵形藻 *Cocconeis pediculus* Ehrenberg 1838 图版 86

鉴定文献：朱蕙忠和陈嘉佑, 2000, p. 234, pl. 44, Figs. 18~19.

特征描述：壳面近圆形至宽椭圆形披针形，末端略尖圆。具壳缝面，中轴区窄，中央区小，近菱形，远缝端直；无壳缝面，中轴区窄。两壳面横线纹均由单列点纹组成，在壳面中部近平行排列，向末端渐放射状排列。壳面长 30.0~37.0 μm，宽 19.0~26.5 μm。

采样分布：沙河渡槽进口、惠南庄北拒马河、团城湖断面。

生境：世界性广布种；可附着于丝状藻类、石头或高等水生植物上。生长的环境条件广泛，广泛分布于中高水位的河流中，曾被认为是一种耐污种。

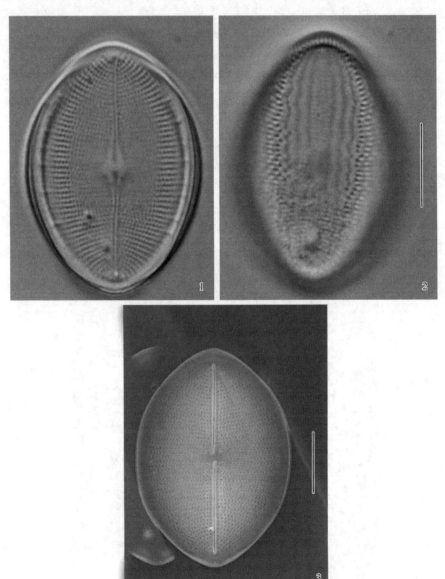

图版 86 虱形卵形藻 *Cocconeis pediculus*
1、2. 光镜照片，标尺 =10 μm；3. 电镜照片，标尺 =10 μm

（十二）管壳缝目 Aulonoraphidinales

20. 窗纹藻科 Epithemiaceae

（42）窗纹藻属 *Epithemia* Kützing 1844

壳面弓形，末端头状或宽圆形，壳缝位于腹缘一侧，呈"V"形，内壳面观壳缝位于管状结构中，网孔结构复杂，成为"窝孔纹"。壳面具有横肋纹。

87）侧生窗纹藻 *Epithemia adnata* (Kützing) Brébisson 1838　　图版 87

鉴定文献：Krammer and Lange-Bertalot, 1988, p. 152, pl. 107, Figs. 1~11.

特征描述：壳面呈弓形，腹缘略凹入，背缘凸起，末端略延长成宽头状。壳缝位于壳面腹缘。每 10 μm 内具有横肋纹 3 条，窝孔纹 12 条，两条肋纹间的窝孔纹 5 条。壳面长 67.0 μm，宽 13.5 μm。

采样分布：鲁山落地槽、穿黄工程南岸、穿黄工程北岸断面。

生境：湖边渗出水、溪流、小水沟、池塘、路边沼泽中，在低氮磷比的生境中以附着方式大量存在，可与固氮蓝藻内共生，耐受中等污染和较高的水温。也见于碱性、中度到高度矿化的生境中。

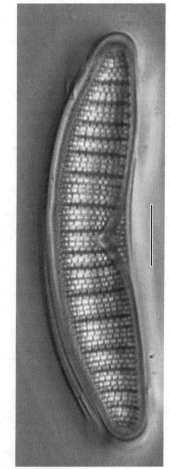

图版 87　侧生窗纹藻 *Epithemia adnata*
光镜照片，标尺 =10 μm

21. 菱形藻科 Nitzschiaceae

(43) 菱形藻属 *Nitzschia* Hassall 1845

细胞单生或者连接成链状群体，壳面直或呈"S"形、线形、披针形或者椭圆形，有些种类中部膨大；线纹单列，连续；壳缝位置多变，从中部至近壳缘，龙骨突形状多样，带面由数量不等的断开的环带组成。

88) 近针形菱形藻 *Nitzschia subacicularis* Hustedt in Schmidt et al. 1922　　图版 88

鉴定文献：Krammer and Lange-Bertalot, 1988, p. 350, pl. 67, Figs. 4～10; 刘静等, 2013, p. 87, pl. XXXX, Figs. 4～5.

特征描述：壳面窄披针形至窄线形披针形，末端明显延长，呈长喙状。龙骨突点状，横线纹极细，光镜下很难分辨。壳面长 42.5～61.7 μm，宽 2～4 μm。

采样分布：陶岔渠首断面、西黑山断面。

生境：世界性广布种；生长于鱼池、湖泊、沼泽中。生长于碱性生境中，对营养程度适应性广。

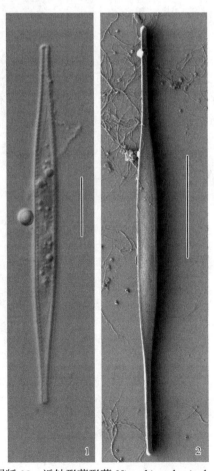

图版 88　近针形菱形藻 *Nitzschia subacicularis*
1. 光镜照片，标尺 =10 μm; 2. 电镜照片，标尺 =5 μm

89）针形菱形藻 *Nitzschia acicularis* (Kützing) Smith 1853　图版 89

鉴定文献：Metzeltin et al., 2009, p. 586, pl. 227, Figs. 8～10; 刘静等, 2013, p. 153, pl. 159, Figs. 1～4.

特征描述：壳面纺锤形，末端急剧变窄，延长成长喙状。龙骨突点状，中间两个龙骨突距离不增大；横线纹极细，光学显微镜下极难分辨。壳面长 71 μm，宽 3.34 μm。

采样分布：陶岔渠首断面。

生境：沼泽、鱼塘。喜碱性、中等到高度矿化、营养丰富的生境，可耐受高污染同时不受极端环境的影响。

图版 89　针形菱形藻 *Nitzschia acicularis*
光镜照片，标尺 =10 μm

90）细端菱形藻 *Nitzschia dissipata* (Kützing) Rabenhorst 1860　　图版 90

鉴定文献：Bey and Ector, 2013, p. 1031, Figs. 1～45.

特征描述：壳面披针形，偶尔线形披针形，两侧近平行或者略凸出，末端喙状。壳缝龙骨突稍离心，龙骨突排列不均匀；横线纹在光镜下很难看清，每 10 μm 内具有 8～20 条，龙骨突有 11 个。壳面长 27.0～80.0 μm，宽 4.5～8.0 μm。

采样分布：陶岔渠首至穿黄工程北岸断面、天津外环河。

生境：世界性广布种；于小河、沼泽的岩石上附着生长。生长于有机质含量低，但营养丰富的碱性生境中，不受盐度和氧含量的影响。

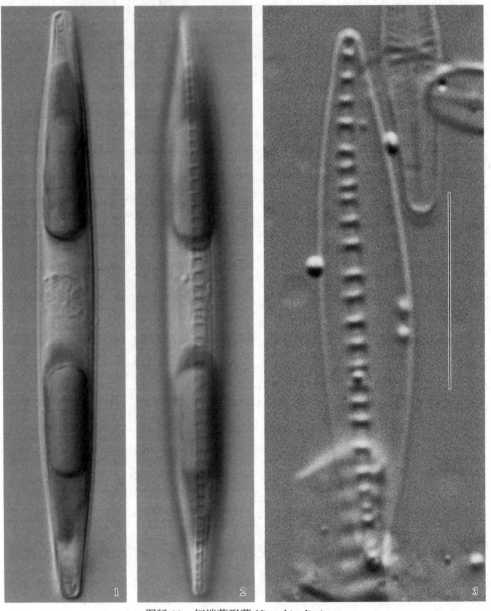

图版 90　细端菱形藻 *Nitzschia dissipata*

1～3. 光镜照片，标尺 =10 μm

91）谷皮菱形藻 *Nitzschia palea* (Kützing) Smith 1856 图版 91

鉴定文献：朱蕙忠和陈嘉佑，2000, p. 267, pl. 53, Fig. 14.

特征描述：壳面线形披针形，向两端渐尖，末端尖或圆形；龙骨突清晰，横线纹紧密，在光镜下很难看清；电镜下线纹在每 10 μm 内具有 30 条，龙骨突有 8～17 个。壳面长 23.5～62.5 μm，宽 2.5～5 μm。

采样分布：陶岔渠首至穿黄工程北岸断面、古运河暗渠断面、天津外环河至惠南庄断面。

生境：世界性广布种；生长于稻田、水坑、池塘、湖泊、水库、河流、溪流、温泉、沼泽中。喜低氧环境，可耐受高有机质和营养物质。

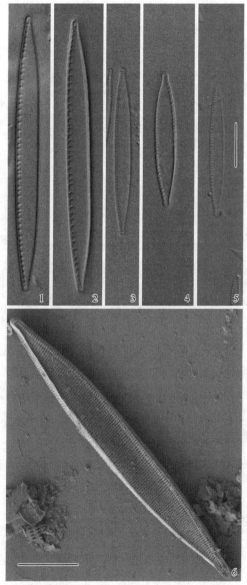

图版 91 谷皮菱形藻 *Nitzschia palea*

1～5. 光镜照片，标尺 =10 μm；6. 电镜照片，标尺 =5 μm

（44）格鲁诺藻属 *Grunowia* Rabenhorst 1864

壳面菱形、窄披针形，壳缝离心程度较大，线纹点状，龙骨突较大。

92）平片格鲁诺藻 *Grunowia tabellaria* (Grunow) Rabenhorst 1864　　图版 92

鉴定文献：朱蕙忠和陈嘉佑，2000，p. 268, pl. 54, Fig. 2; 谭香和刘妍，2022，p. 163, pl. 170, Figs. 1～15.

特征描述：壳面近菱形，中部膨大，末端小头状。龙骨突窄肋状，延伸至壳面近中部，龙骨突在每 10 μm 内具有 6 个。横线纹由粗糙的单列点纹形成，每 10 μm 内具有 21～25 条。壳面长 16.5～21.0 μm，宽 6.5～9.0 μm。

采样分布：鲁山落地槽至团城湖断面。

生境：世界性广布种；生长于河边沼泽中，附着于丝状藻类。喜中性 pH、中等矿化、营养丰富的生境，受有机质影响小。

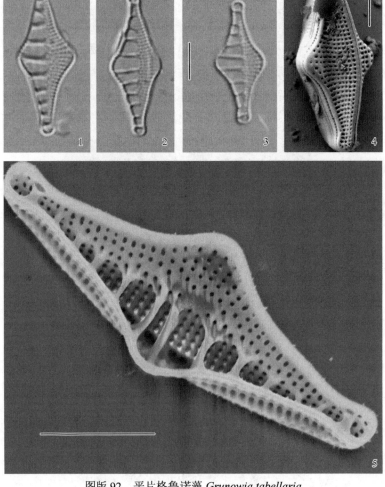

图版 92　平片格鲁诺藻 *Grunowia tabellaria*
1～3. 光镜照片，标尺 =10 μm；4、5. 电镜照片，标尺 =5 μm

93）苏尔根格鲁诺藻 *Grunowia solgensis* (Cleve) Aboal 2003　图版 93

鉴定文献：Bishop et al., 2017, p. 139, pl. 23, Figs. 46~47.

特征描述：壳面窄披针形，两侧边缘不波曲，末端小头状，龙骨突窄肋状，延伸至壳面近中部，龙骨突在每 10 μm 内具有 5~7 个；横线纹由粗糙的单列点纹组成，每 10 μm 内具有 8~20 条。壳面长 9.2~20 μm，宽 4.0~5.0 μm。

采样分布：穿黄工程北岸断面。

生境：世界性广布种；生于草地渗出水、小溪，附着于石块上。喜生长于碱性、中至高度矿化的生境中，受有机质影响适中，可在营养丰富的生境中生存。

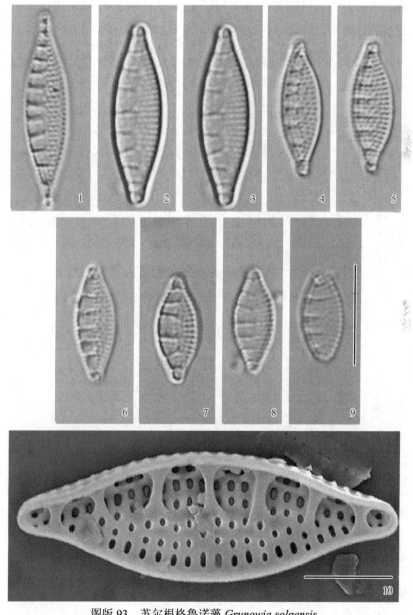

图版 93　苏尔根格鲁诺藻 *Grunowia solgensis*

1~9. 光镜照片，标尺 =10 μm；10. 电镜照片，标尺 =5 μm

(45) 细齿藻属 *Denticula* Kützing 1844

壳面线形披针形，偶见菱形或者椭圆形，末端尖至钝圆形，或轻微延伸成喙状；壳缝位于中轴或稍离心，上下壳面的壳缝呈"菱形对称"。龙骨突增厚，同线纹平行贯穿整个壳面。

94) 库津细齿藻 *Denticula kuetzingii* Grunow 1862　图版 94

鉴定文献：Krammer and Lange-Bertalot, 1988, p. 143, pl. 94, Figs. 3～4.

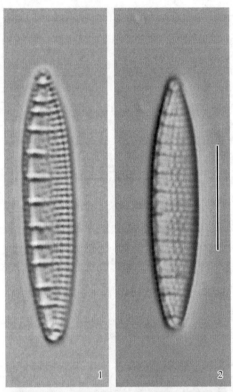

特征描述：壳体带面矩形。壳面线形至披针形，或椭圆形，末端圆形或楔形，或略延长成近喙状；龙骨突明显，基本延伸至整个壳面；横线纹由粗糙的单列点纹形成，每 10 μm 内具有 17～18 条，横肋纹 5～8 条。壳面长 19.0～26.0 μm，宽 4.5～5.0 μm。

采样分布：陶岔渠首断面、沙河渡槽进口断面、古运河暗渠断面、惠南庄断面。

生境：生于湖泊、湖边渗出水、草地渗出水、溪流、小水渠、浅水滩、沼泽、路边积水中。

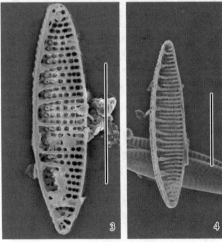

图版 94　库津细齿藻 *Denticula kuetzingii*
1、2. 光镜照片，标尺 =10 μm；3、4. 电镜照片，标尺 =10 μm

22. 双菱藻科 Surirellaceae

（46）波缘藻属 *Cymatopleura* Smith 1851

壳面通常较大，椭圆形、长椭圆形、披针形或者线形；壳缝环绕壳面，位于隆起的龙骨上；壳面沿顶轴方向具横向波纹，光镜下壳面线纹常不明显。

95）椭圆波缘藻 *Cymatopleura elliptica* (Brébisson) Smith 1851　　图版 95

鉴定文献：胡鸿钧等, 1980, p. 195～197, pl. 40, Fig. 2.

特征描述：壳面宽椭圆形，中部不缢缩，壳缝环绕壳面，龙骨突明显，壳面具横向波纹。壳面长 88.0～101.0 μm，宽 41.5～50 μm。

采样分布：沙河渡槽进口、鲁山落地槽、穿黄工程北岸断面。

生境：世界性广布种，淡水普生性种类；生长于碱性、中至高度矿化的生境中，受有机质影响小。

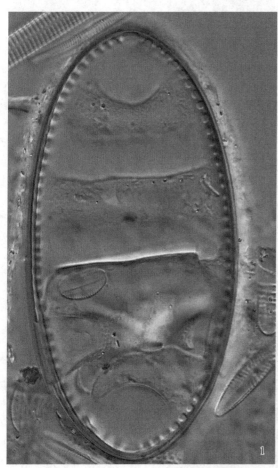
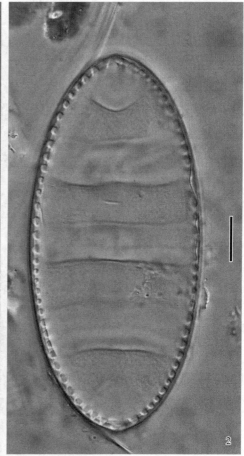

图版 95　椭圆波缘藻 *Cymatopleura elliptica*

1、2. 光镜照片，标尺 =10 μm

96) 草鞋形波缘藻 *Cymatopleura solea* (Brébisson) Smith 1851　图版 96

鉴定文献：Krammer and Lange-Bertalot, 1997, p. 168, pl. 117, Figs. 1～5.

特征描述：壳面宽线形至宽披针形，中部缢缩，末端楔形，钝圆。壳面长 66.5 μm，宽 14.5 μm。

采样分布：陶岔渠首断面。

生境：生长在稻田、水坑、池塘、水库、河流、溪流、沼泽中，附着在潮湿的岩壁上。喜生长于碱性、中等矿化、中等有机质及营养丰富的生境中。

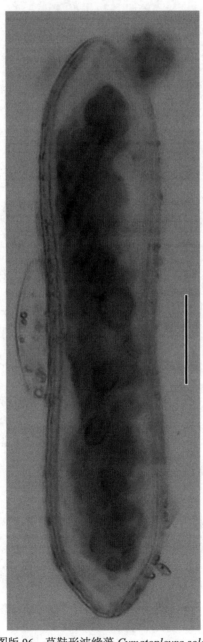

图版 96　草鞋形波缘藻 *Cymatopleura solea*
光镜照片，标尺 =10 μm

(47) 双菱藻属 *Surirella* Turpin 1828

壳面线形至椭圆形或倒卵形，表面平或具波曲；壳缝围绕整个壳缘，龙骨突明显，部分种类壳面具不同类型的突起。

97) 窄双菱藻 *Surirella angusta* Kützing 1844 图版 97

鉴定文献：Metzeltin et al., 2005, p. 682, pl. 219, Figs. 5～9; 谭香和刘妍, 2022, p. 171, pl. 178, Figs. 1～6.

特征描述：壳面线形，等极，末端楔形；壳缝具有假漏斗结构；横线纹较细密，光镜下较难分辨，每 10 μm 内具有龙骨突 7 个。壳面长 43.5 μm，宽 13.0 μm。

采样分布：沙河渡槽进口、团城湖断面。

生境：世界性广布种；生长在稻田、水坑、池塘、水库、河流、溪流、沼泽中。喜生长于碱性、中等矿化、盐含量低、有机质丰富的生境中。

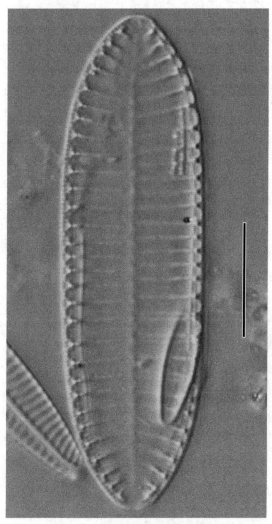

图版 97　窄双菱藻 *Surirella angusta*
光镜照片，标尺 =10 μm

隐藻门 Cryptophyta

四、隐藻纲 Cryptophyceae

（十三）隐藻目 Cryptomonadales

23. 隐鞭藻科 Cryptomonadaceae

（48）隐藻属 *Cryptomonas* Ehrenberg 1831

细胞近似椭圆形，常略有扭曲，无对称轴，背侧略隆起，腹侧平或略凹入；细胞呈橄榄绿色或黄褐色；色素体2个（有时仅1个，位于背侧或者腹侧或位于细胞的两侧面，多数具有1个蛋白核，也有具有2～4个的，或者无蛋白核；单个细胞核，在细胞后端）；具有明显的沟裂和胞咽；沟裂通常较长，从前庭延伸至细胞中部，具有结构复杂的沟裂胞咽复合体。细胞内中部常可见两个折光体。细胞前端具有伸缩泡。有些种类经常形成被黏液包裹的密集静止群体。内侧周质体由椭圆形的板片构成。色素体含有藻红素。

98）啮蚀隐藻 *Cryptomonas erosa* Ehrenberg 1832　图版98

鉴定文献：胡鸿钧和魏印心，2006, p. 425, pl. XIV-1, Figs. 6～8.

特征描述：细胞近卵圆形，前端钝圆，较后端略宽。腹侧扁平，背侧显著隆起，形成角状。细胞长13～35 μm，宽6～21 μm，厚5～17 μm。沟裂不明显，胞咽从细胞前端腹侧前庭处延伸至细胞中部。胞咽两侧排列有两至数列大型喷射体。细胞具有2个橄榄绿色色素体，其上无蛋白核。细胞内可见数量较多的淀粉粒。两根鞭毛略不等长，长度约为细胞长度的1/2。

采样分布：丹江口水库、陶岔渠首断面。

生境：湖泊、池塘、鱼池、水坑。

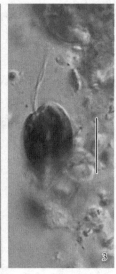

图版98　啮蚀隐藻 *Cryptomonas erosa*

1～3. 光镜照片，标尺 =10 μm

（49）斜结隐藻属 *Plagioselmis* Butcher ex Novarino, Lucas & Morrall 1994

细胞近似逗号形，有渐尖的尾端。细胞具有短浅的沟裂。内侧周质体由六边形板片组成，包裹细胞体的大部分表面，而在细胞的尾端没有周质体板片。外侧周质体由细小的花形鳞片组成。细胞含有藻红素，呈红褐色。斜结隐藻属的种类不多，且相关分子序列缺乏，目前尚未确定其分类地位。

99）斜结隐藻 *Plagioselmis* sp. 1　　图版 99

特征描述：细胞近似逗号形，细胞前端钝圆，尾端渐尖，朝腹侧翘起。细胞长 11 μm，宽 6.3 μm，常为黄褐色。

采样分布：陶岔渠首断面至团城湖断面。

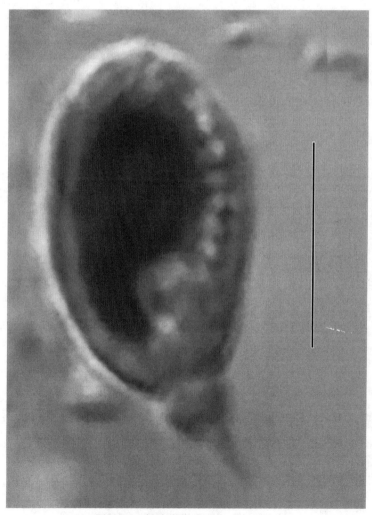

图版 99　斜结隐藻 *Plagioselmis* sp. 1
光镜照片，标尺 =5 μm

金藻门 Chrysophyta

五、金藻纲 Chrysophyceae

（十四）色金藻目 Chromulinales

24. 锥囊藻科 Dinobryonaceae

（50）锥囊藻属 *Dinobryon* Ehrenberg 1834

植物体为树状或丛状群体，浮游或着生。细胞具圆锥形、钟形或圆柱形囊壳，前端呈圆形或喇叭状开口，后端锥形，透明或黄褐色，表面平滑或具波纹。细胞纺锤形、卵形或圆锥形，基部以细胞质短柄附着于囊壳底部，前部具2条不等长的鞭毛，长的1条伸出囊壳开口处，短的1条在囊壳开口内；伸缩泡1至多个，眼点1个；色素体周生、片状，1~2个，光合作用产物为金藻昆布糖，常为一个大的球状体，位于细胞的后面。

100）锥囊藻 *Dinobryon* sp. 1　图版100

特征描述：植物体为树状群体，密集排列成自下而上的丛状，浮游或着生。细胞卵形，色素体周生、片状，细胞具钟形囊壳，前端呈喇叭状开口，后端锥形，囊壳长25~35 μm，宽8~10 μm；透明或黄褐色，表面平滑或具波纹。

采样分布：丹江口水库、陶岔渠首断面、沙河渡槽进口断面、穿黄工程南岸至西黑山进口闸断面、惠南庄北拒马河断面、团城湖断面。

图版100　锥囊藻 *Dinobryon* sp. 1
光镜照片，标尺=20 μm

甲藻门 Dinophyta

六、甲藻纲 Dinophyceae

（十五）多甲藻目 Peridiniales

25. 角甲藻科 Ceratiaceae

（51）角甲藻属 *Ceratium* Schrank 1793

通常为单细胞，有时连接为群体。细胞通常不对称，强烈背腹扁平。上壳通常具有一个稍向右侧倾斜的大顶角；在下壳处常有2～3个底角。横沟位于中央平面，环状或略呈螺旋状；纵沟没有延伸至上壳。叶绿体多数金黄色、褐色或绿色，卵形或稍呈带状；具有自养或异养类型；具有眼点或无。板片格式为：4′ (3′), 0a (1a), 6″, 5-6c, 6‴, 2″″。

101）角甲藻 *Ceratium hirundinella* (Müller) Dujardin 1841　图版101

鉴定文献：胡鸿钧和魏印心，2006, p. 438, pl. XII-2, Fig. 16.

特征描述：细胞呈宽或窄的纺锤形，强烈背腹扁平。上壳具1根狭长、逐渐尖锐的顶角；下壳宽、短，具有2～3根平直或弯曲的放射状底角。横沟轻微螺旋，纵沟不延伸至上壳、较宽。板片表面具有粗糙的窝孔纹，孔纹间常具有微细的棘。细胞长150～280 μm，宽34～67 μm。叶绿体多数，周生盘状，黄色至褐色。

采样分布：丹江口水库，陶岔渠首断面至沙河渡槽进口断面。

生境：世界性广布种；广泛分布于各种静止水体中。常生活于许多贫营养至中营养的小型湖泊中。

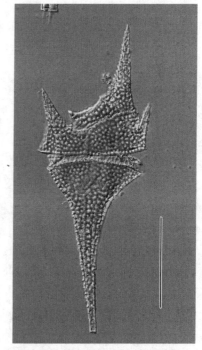

图版101　角甲藻 *Ceratium hirundinella*
光镜照片，标尺 =50 μm

绿藻门 Chlorophyta

七、绿藻纲 Chlorophyceae

(十六) 团藻目 Volvocales

26. 衣藻科 Chlamydomonadaceae

(52) 衣藻属 *Chlamydomonas* Ehrenherg 1833

植物体为单细胞，细胞球形、卵形、椭圆形或宽纺锤形等，常不纵扁；细胞壁平滑，不具或具有胶被。细胞前端中央具或不具乳头状突起，具2条等长的鞭毛。鞭毛基部具1个或2个伸缩泡。具1个大型的色素体，多数杯状，少数片状、"H"形或星状等，具1个蛋白核，少数具2个、多个。眼点位于细胞的一侧，橘红色。细胞核常位于细胞的中央偏前端，有的位于细胞中部或一侧。

102) 衣藻 *Chlamydomonas* sp. 1　图版 102

特征描述：植物体为单细胞，细胞卵形，细胞壁平滑具胶被，具2条等长的鞭毛。细胞长 8～15 μm，宽 5～10 μm，颜色呈黄绿色。

采样分布：丹江口水库陶岔渠首断面至团城湖断面。

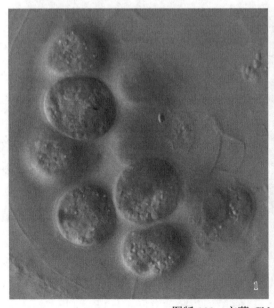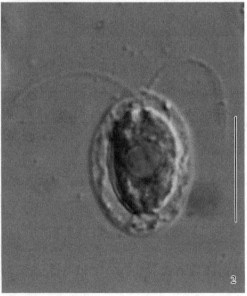

图版 102　衣藻 *Chlamydomonas* sp. 1
1、2. 光镜照片，标尺=10 μm

27. 团藻科 Volvocaceae

(53) 实球藻属 *Pandorina* Bory de Vincent 1824

定形群体具胶被，球形、短椭圆形，由8个、16个、32个（常为16个）细胞组成，罕见4个细胞的。群体细胞彼此紧贴，位于群体中心，细胞间常无空隙，或仅在群体中心有小的空间。细胞球形、倒卵形、楔形，前端中央具2条等长的鞭毛，基部具2个伸缩泡；色素体多数为杯状，少数为块状或长线状；具1个或多个蛋白核和1个眼点。无性生殖时群体内所有的细胞都能进行分裂，每个细胞形成1个似亲群体。有性生殖为同配或异配生殖。

103) 实球藻 *Pandorina morum* (Müller) Bory 1824   图版 103

鉴定文献：胡鸿钧和魏印心, 2006, p. 573, pl. XIV-15, Fig. 7.

特征描述：群体球形或椭圆形，由4个、8个、16个、32个细胞组成。群体胶被边缘狭；群体细胞互相紧贴在群体中心，常无空隙，仅在群体中心有小的空间。细胞倒卵形或楔形，前端钝圆，向群体外侧，后端渐狭。前端中央具2条等长的、约为体长1倍的鞭毛，基部具2个伸缩泡。色素体杯状，在基部具1个蛋白核。眼点位于细胞的近前端一侧，群体直径为48.1～51.3 μm；细胞直径为7～17 μm。

采样分布：丹江口水库、穿黄工程南岸至古运河暗渠断面、团城湖断面。

生境：广泛分布于各种小水体中。

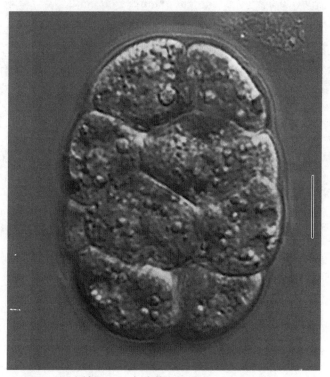

图版 103　实球藻 *Pandorina morum*
光镜照片，标尺 =10 μm

（54）空球藻属 *Eudorina* Ehrenberg 1831

定形群体椭圆形，罕见球形，由 16 个、32 个、64 个（常为 32 个）细胞组成，群体细胞彼此分离，排列在群体胶被的周边，群体胶被表面平滑或具胶质小刺，个体胶被彼此融合。细胞球形，壁厚，前端向群体外侧，中央具 2 条等长的鞭毛，基部具 2 个伸缩泡。色素体杯状，仅 1 种色素体为长线状，具 1 个或数个蛋白核，眼点位于细胞前端。

无性生殖为群体细胞分裂产生似亲群体。有性生殖为异配生殖，2 条鞭毛的雄配子纺锤形，2 条鞭毛和雌配子呈球形，雄配子游入雌配子群内，结合形成合子。

104）空球藻 *Eudorina elegans* Ehrenberg 1831　　图版 104

鉴定文献：胡鸿钧和魏印心, 2006, p. 573, pl. XIV-15, Fig. 8.

特征描述：群体具胶被，椭圆形或球形，由 16 个、32 个、64 个（常为 32 个）细胞组成，群体细胞彼此分离，排列在群体胶被周边，群体胶被表面平滑。细胞球形，壁厚，前端向群体外侧，中央具 2 条等长的鞭毛，基部具 2 个伸缩泡。群体直径 56.8～84.5 μm；细胞直径 10～25 μm。色素体大，杯状，有时充满整个细胞，具数个蛋白核。眼点位于细胞近前端一侧。

采样分布：丹江口水库、穿黄工程南岸、漳河北至惠南庄北拒马河断面。

生境：常见于有机质丰富的小水体内。

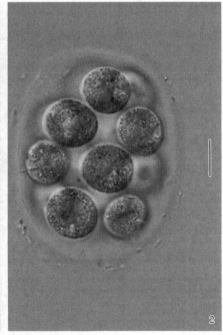

图版 104　空球藻 *Eudorina elegans*
1、2. 光镜照片，标尺 =10 μm

（十七）绿球藻目 Chlorococcales

28. 小桩藻科 Characiaceae

（55）弓形藻属 *Schroederia* Lemmermann 1898

植物体为单细胞，浮游，细胞针形、长纺锤形、新月形、弧曲形和螺旋状，直或弯曲，细胞两端的细胞壁延伸成长刺，刺直或略弯，其末端均为尖形。色素体周生、片状，1个，几乎充满整个细胞，常具1个蛋白核，有时2～3个，细胞核1个，老的细胞可为多个。无性生殖产生4个、8个动孢子，也产生厚壁孢子。

105）硬弓形藻 *Schroederia robusta* Korschikoff 1953　　图版 105

鉴定文献：胡鸿钧等, 1980, p. 290, pl. 62, Fig. 16.

特征描述：单细胞，弓形或新月形，两端渐尖并向一侧弯曲延伸成刺，刺的长度不超过细胞长度的一半，细胞长（包括刺）44.5 μm，宽 3.3 μm。色素体片状，1个，具 1～4 个蛋白核。

采样分布：丹江口水库。

生境：湖泊、池塘中常见浮游种。

图版 105　硬弓形藻 *Schroederia robusta*
光镜照片，标尺 =10 μm

29. 小球藻科 Chlorellaceae

(56) 四角藻属 *Tetraedron* Kützing 1845

植物体为单细胞，浮游。细胞扁平或角锥形，具3个、4个或5个角，角分叉或不分叉，角延长成突起或无，角或突起顶端的细胞壁常突出为刺。色素体周生，盘状或多角片状，1至多个，各具1个蛋白核或无。

无性生殖产生2个、4个、8个、16个或32个似亲孢子，也有产生动孢子的。

106) 微小四角藻 *Tetraedron minimum* (Braun) Hansgirg 1888　图版106

鉴定文献：胡鸿钧等, 1980, p. 296, pl. 63, Fig. 2.

特征描述：单细胞，扁平，正面观四方形；侧缘凹入，有时一对缘边比另一对的更内凹；角圆形，角顶罕具1小突起，侧面观椭圆形；细胞壁平滑或具颗粒，细胞宽6～20 μm，厚3～7 μm。色素体片状，1个，具1个蛋白核。

采样分布：穿黄工程南岸断面、穿黄工程北岸断面、西黑山进口闸至团城湖断面。

生境：生长在池塘、湖泊中，国内外广泛分布。

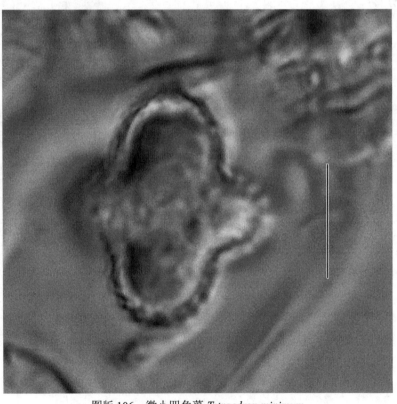

图版106　微小四角藻 *Tetraedron minimum*
光镜照片，标尺=5 μm

绿藻门 Chlorophyta

(57) 顶棘藻属 *Chodatella* Lemmermann 1898

单细胞，浮游；细胞椭圆形、卵形、柱状长圆形或扁球形，细胞壁薄，细胞的两端或两端和中部具有对称排列的长刺，刺的基部具或不具结节。色素体周生，片状或盘状，1到数个，各具1个蛋白核或无。

无性生殖产生2个、4个、8个似亲孢子，似亲孢子自母细胞壁开裂处逸出，细胞壁上的刺常在离开母细胞之后长出，罕见产生动孢子。有性生殖仅报道过1种，为卵配生殖。

107) 四刺顶棘藻 *Chodatella quadriseta* Lemmermann 1898　图版107

鉴定文献：胡鸿钧等, 1980, p. 292, pl. 62, Fig. 12.

特征描述：单细胞，卵圆形、柱状长圆形，细胞两端各具2条从左右两侧斜向伸出的长刺；细胞长10.4 μm，宽6.2 μm，刺长15～20 μm。色素体周生、片状，2个，无蛋白核。

无性生殖产生2个、4个或8个似亲孢子。

采样分布：团城湖断面。

生境：常见于有机质丰富的池塘中。

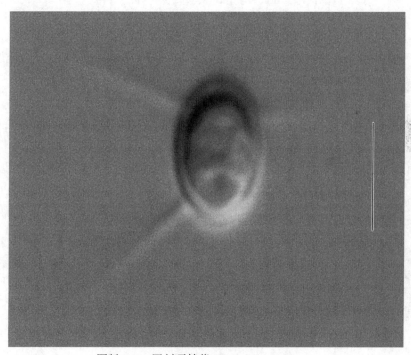

图版107　四刺顶棘藻 *Chodatella quadriseta*
光镜照片，标尺 =5 μm

30. 卵囊藻科 Oocystaceae

(58) 卵囊藻属 *Oocystis* Nägeli 1855

植物体为单细胞或群体，群体常由 2 个、4 个、8 个或 16 个细胞组成，包被在部分胶化膨大的母细胞壁中。细胞椭圆形、卵形纺锤形、长圆形、柱状长圆形等；细胞壁平滑，或在细胞两端具短圆锥状增厚，细胞壁扩大和胶化时，圆锥状增厚不胶化。色素体周生，片状、多角形块状、不规则盘状，1 个或多个，每个色素体具 1 个蛋白核或无。

无性生殖产生 2 个、4 个、8 个或 16 个似亲孢子。

108) 小形卵囊藻 *Oocystis parva* West & West 1898   图版 108

鉴定文献：胡鸿钧和魏印心，2006, p. 628, pl. XIV-23, Fig. 4.

特征描述：群体由 2 个、4 个、8 个细胞包被在部分胶化膨大的母细胞壁内组成，单细胞的很少，浮游。细胞宽纺锤形、狭椭圆形，两端渐尖，细胞两端无圆锥状增厚。色素体片状或盘状，1～3 个，各具 1 个蛋白核或无。扩大的母群体宽可达 30 μm。细胞长 10～13 μm，宽 5.5～9 μm。

采样分布：丹江口水库、漳河北断面、团城湖断面。

生境：常见于浅水湖泊沿岸带、沟渠、池塘和沼泽中。

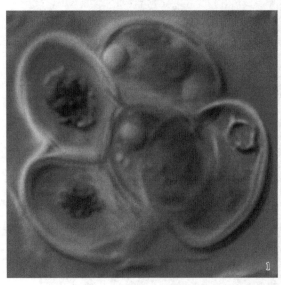
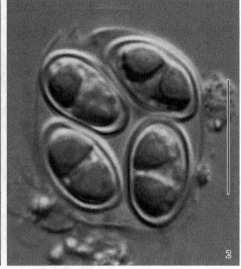

图版 108　小形卵囊藻 *Oocystis parva*

1、2. 光镜照片，标尺 =10 μm

（59）并联藻属 *Quadrigula* Printz 1915

植物体为群体，由2个、4个、8个或更多个细胞聚集在一个共同的透明胶被内，细胞常为4个每组，其长轴与群体长轴互相平行排列，细胞上下两端平齐或互相错开，浮游。细胞纺锤形、新月形、近圆柱形到长椭圆形，直或略弯曲，细胞长度为宽度的5～20倍，两端略尖细。色素体周生，片状，1个，位于细胞的一层或充满整个细胞，具1个或2个蛋白核或无。

109）柯氏并联藻 *Quadrigula chodatii* (Tanner-Füllemann) Smith 1920　图版109

鉴定文献：胡鸿钧等，1980, p. 310, pl. 66, Fig. 1.

特征描述：群体为宽纺锤形，由4个、8个或更多的细胞聚集在透明的胶被内，细胞长轴与群体长轴互相平行排列，浮游。细胞长纺锤形，直或略弯曲，两端逐渐尖细，末端略尖。色素体周生，片状，1个，在细胞中部略凹入，具2个蛋白核。细胞长26～27 μm，宽2.5～7 μm。

采样分布：陶岔渠首断面、沙河渡槽进口断面、穿黄工程南岸断面、漳河北断面、古运河暗渠断面、团城湖断面。

生境：生长于池塘、浅水湖泊中。

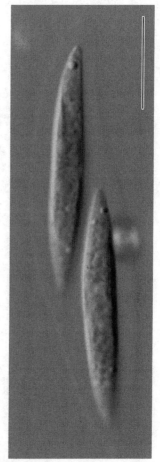

图版109　柯氏并联藻 *Quadrigula chodatii*
光镜照片，标尺 =10 μm

（60）浮球藻属 *Planktosphaeria* Smith 1918

植物体为群体，群体细胞由 2 个、4 个、8 个或更多个细胞不规则、紧密地排列在一个共同的透明的群体胶被内，浮游。细胞球形，具透明均匀的胶被，幼时具 1 个周生、杯状的色素体，成熟后分散为多角形或盘状，每个色素具 1 个蛋白核。

无性生殖产生似亲孢子。

110）浮球藻 *Planktosphaeria gelatinosa* Smith 1918　　图版 110

鉴定文献：胡鸿钧和魏印心, 2006, p. 627, pl. XIV-23, Fig. 2.

特征描述：群体细胞不规则、紧密地排列在群体胶被内。细胞球形，具透明均匀的胶被，成熟后色素体分散为多角形或盘状，每个色素体具有 1 个蛋白核。细胞直径 10~25 μm，胶被厚可达 35 μm。

采样分布：丹江口水库。

生境：湖泊、池塘中常见的浮游种类。

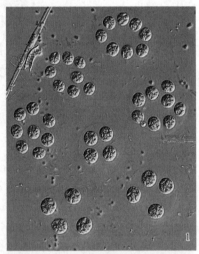

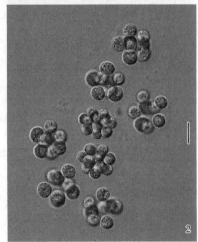

图版 110　浮球藻 *Planktosphaeria gelatinosa*

1、2. 光镜照片，标尺 =10 μm

31. 网球藻科 Dictyosphaeraceae

(61) 网球藻属 *Dictyosphaerium* Nägeli 1849

植物体为原始定形群体，由 2 个、4 个、8 个细胞组成，常为 4 个，有时 2 个为一组，彼此分离的、以母细胞壁分裂所形成的二分叉或四分叉胶质丝或胶质膜相连接，包被在透明的群体胶被内，浮游。细胞球形、卵形、椭圆形或肾形；色素体周生、杯状，1 个，具 1 个蛋白核。

无性生殖产生似亲孢子，一个定形群体的各个细胞常同时产生孢子，再连接于各自的母细胞壁裂片顶端，成为复合的原始定形群体。

111) 美丽网球藻 *Dictyosphaerium pulchellum* Wood 1872　　图版 111

鉴定文献：胡鸿钧和魏印心，2006, p. 637, pl. XIV-24, Fig. 6.

特征描述：原始定形群体球形或广椭圆形，多为 8 个、16 个或 32 个细胞包被在共同的透明胶被中。细胞球形，色素体杯状，1 个，具 1 个蛋白核。细胞直径 5～5.5 μm。

采样分布：丹江口水库、沙河渡槽进口断面。

生境：生长在湖泊、池塘、沼泽中。

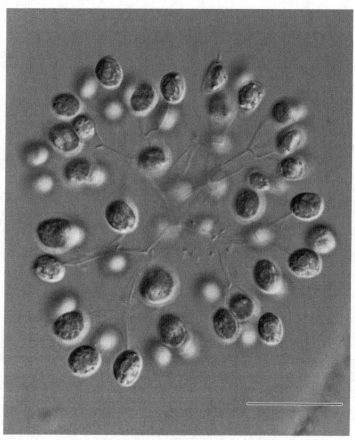

图版 111　美丽网球藻 *Dictyosphaerium pulchellum*
光镜照片，标尺 =20 μm

32. 盘星藻科 Pediastraceae

（62）盘星藻属 *Pediastrum* Meyen 1829

植物体为真性定形群体，由4个、8个、16个、32个、64个、128个细胞排列成为一层细胞厚的扁平盘状、星状群体，群体无穿孔或具穿孔，浮游。群体缘边细胞常具1个、2个、4个突起，有时突起上具长的胶质毛丛，群体缘边内的细胞多角形；细胞壁平滑、具颗粒、细网纹；幼细胞的色素体周生、圆盘状，1个，具1个蛋白核，随细胞的成长色素体分散，具1到多个蛋白核，成熟细胞具1个、2个、4个或8个细胞核。

112）盘星藻 *Pediastrum biradiatum* Meyen 1829   图版 112

鉴定文献：胡鸿钧等, 1980, p. 315, pl. 67, Fig. 8.

特征描述：真性定形群体，由4个、8个、16个、32个或64个细胞组成，群体具穿孔；群体缘边细胞外壁具2个裂片状突起，其末端具缺刻，以细胞基部与邻近细胞连接，群体内层具2个裂片状的突起，其末端不具缺刻，细胞壁平滑、凹入。细胞长 15～30 μm，宽 10～22 μm。

采样分布：古运河暗渠断面、天津外环河断面。

生境：湖泊、池塘中常见的浮游种。

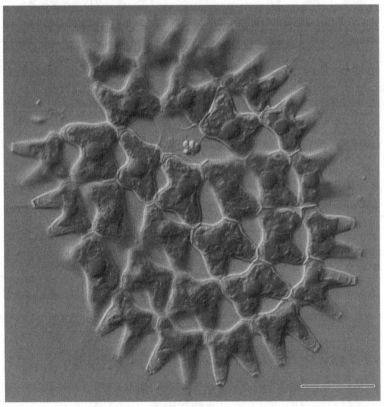

图版 112　盘星藻 *Pediastrum biradiatum*

光镜照片，标尺 =10 μm

113）单角盘星藻具孔变种 *Pediastrum simplex* var. *duodenarium* (Bailey) Rabenhorst 1868 图版 113

鉴定文献：胡鸿钧等, 1980, p. 315, pl. 67, Fig. 10.

特征描述：真性定形群体，由 16 个、32 个、64 个细胞组成，群体细胞间具穿孔；群体边缘细胞内的细胞三角形。细胞长 27～28 μm，宽 11～15 μm。

采样分布：丹江口水库、陶岔渠首至团城湖断面。

生境：在湖泊、池塘中常见的真性浮游种。

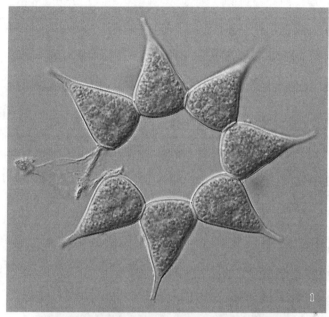

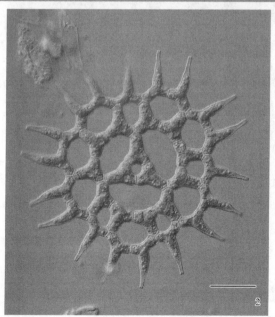

图版 113 单角盘星藻具孔变种 *Pediastrum simplex* var. *duodenarium*

1、2. 光镜照片，标尺 =10 μm

33. 栅藻科 Scenedesmaceae

(63) 栅藻属 *Scenedesmus* Meyen 1929

真性定形群体，常由4个、8个细胞或有时由2个、16个或32个细胞组成，绝少为单个细胞的，群体中的各个细胞以其长轴互相平行、其细胞壁彼此连接排列在一个平面上，互相平齐或互相交错，也有排成上下两列或多列，罕见仅以其末端相接成屈曲状。细胞椭圆形、卵形、弓形、新月形、纺锤形或长圆形等；细胞壁平滑，或具颗粒、刺、细齿、齿状凸起、隆起线或帽状增厚等构造；色素体周生，片状，1个，具1个蛋白核。

无性生殖产生似亲孢子。

114) 双对栅藻 *Scenedesmus bijuga* (Turpin) Lagerheim 1893   图版 114

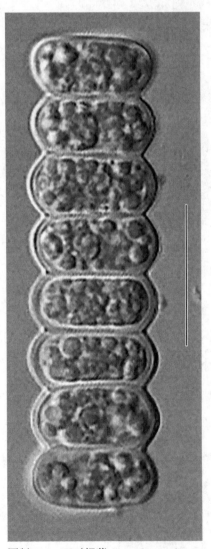

鉴定文献：胡鸿钧等, 1980, p. 319, pl. 68, Fig. 1.

特征描述：真性定形群体扁平，由4个、8个细胞组成，常为4个细胞组成的，群体细胞直线并列排成一行或互相交错排列；中间的细胞纺锤形，上下两端渐尖，直；两侧细胞绝少垂直，新月形或镰形，上下两端渐尖，细胞壁平滑。细胞长 9~9.5 μm，宽 4~4.5 μm。

采样分布：陶岔渠首至团城湖断面。

生境：生长在各种静水小水体中，多与其他种类的栅藻混生。

图版 114　双对栅藻 *Scenedesmus bijuga*
光镜照片，标尺 =10 μm

115) 多棘栅藻 *Scenedesmus spinosus* Chodat 1913   图版 115

鉴定文献：胡鸿钧和魏印心, 2006, p. 659, pl. XIV-32, Fig. 11.

特征描述：真性定形群体，常由 4 个细胞组成，群体细胞并列直线排成一排，罕见交错排列。细胞长椭圆形或椭圆形，群体外侧细胞上下两端各具 1 向外斜向的直或略弯曲的刺，其外壁中部常具 1～3 条较短的刺，两中间细胞上下两侧无刺或具很短的棘刺。4 个细胞的群体宽 14～21 μm；细胞长 9.4～10 μm，宽 3.4～4.2 μm。

采样分布：鲁山落地槽断面、古运河暗渠断面、天津外环河断面、惠南庄北拒马河断面。

生境：生长在各种水体中。

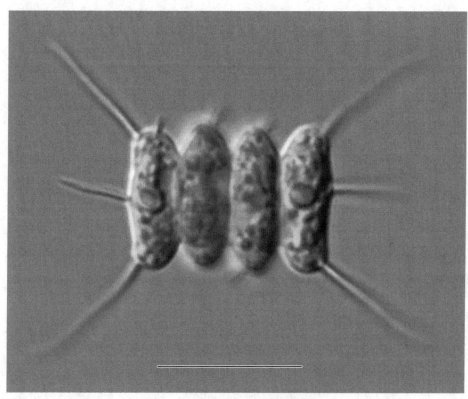

图版 115 多棘栅藻 *Scenedesmus spinosus*
光镜照片，标尺 =10 μm

116）斜生栅藻 *Scenedesmus obliquus* (Turpin) Kützing 1834　图版 116

鉴定文献：胡鸿钧和魏印心，2006，p. 656, pl. XIV-26, Fig. 5.

特征描述：真性定形群体扁平，由2个、4个、8个细胞组成，常为4个细胞组成，群体细胞并列直线排成一列或略做交互排列；细胞纺锤形，上下两端逐渐尖细，群体两侧细胞的游离面有时凹入，有时凸出，细胞壁平滑。4个细胞的群体宽 12～34 μm；细胞长 17.5～18 μm，宽 4.5～5 μm。

采样分布：鲁山落地槽。

生境：生长在各种静水小水体中。

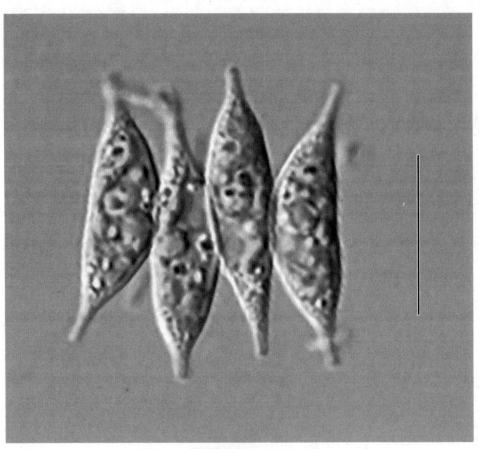

图版 116　斜生栅藻 *Scenedesmus obliquus*
光镜照片，标尺 =10 μm

(64) 空星藻属 *Coelastrum* Nägeli 1849

植物体为真性定形群体，由4个、8个、16个、32个、64个、128个细胞组成多孔的、中空的球状体到多角形体，群体细胞以细胞壁或细胞壁上的凸起彼此连接。细胞球形、圆锥形、近六角形、截顶的角锥形；细胞壁平滑，部分增厚或具管状凸起；色素体周生，幼时杯状，具1个蛋白核，成熟后扩散，几乎充满整个细胞。

无性生殖产生似亲孢子，群体中的任何细胞均可以形成似亲孢子，在离开母细胞前连接成子群体；有时细胞的原生质体不经分裂发育成静孢子，在释放前，在母细胞壁内就形成似亲群体。

117) 小空星藻 *Coelastrum microporum* Nägeli 1855　　图版 117

鉴定文献：胡鸿钧等, 1980, p. 667, pl. XIV-28, Fig. 6.

特征描述：真性定形群体，球形到卵形，由8个、16个、32个、64个细胞组成，相邻细胞间以细胞基部互相连接，细胞间隙呈三角形并小于细胞直径。群体细胞球形，有时为卵形，细胞外具一层薄的胶鞘。细胞包括鞘，宽 10～18 μm；不包括鞘，宽 8～13 μm。

采样分布：穿黄工程南岸至惠南庄北拒马河断面。

生境：湖泊、水库、池塘中的浮游种类。

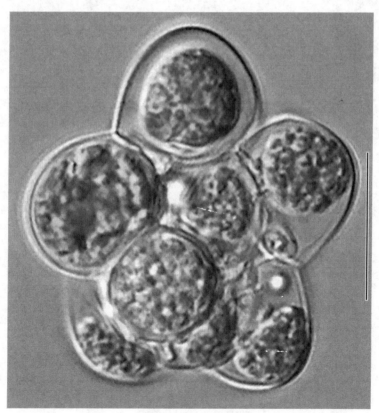

图版 117　小空星藻 *Coelastrum microporum*
光镜照片，标尺 =10 μm

118) 网状空星藻 *Coelastrum reticulatum* (Dangeard) Senn 1899   图版 118

鉴定文献：胡鸿钧和魏印心, 2006, p. 328, pl. 70, Fig. 7.

特征描述：真性定形群体，球形，由 8 个、16 个、32 个、64 个细胞组成，相邻细胞间以 5~9 个细胞壁的长凸起相互连接，细胞间隙大，常为不规则的复合群体。细胞球形，具一层薄的胶鞘，并具 6~9 条细长的细胞壁凸起。细胞包括鞘，直径为 5~24 μm；不包括鞘，直径为 4~23 μm。

采样分布：沙河渡槽进口断面、鲁山落地槽断面、穿黄工程北岸至团城湖断面。

生境：湖泊、水库、池塘中的浮游种类。

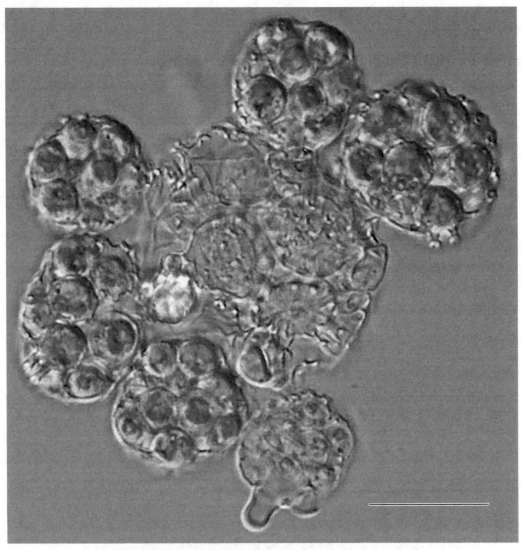

图版 118　网状空星藻 *Coelastrum reticulatum*
光镜照片，标尺 =10 μm

（十八）丝藻目 Ulotrichales

34. 丝藻科 Ulotrichaceae

（65）游丝藻属 *Planctonema* Schmidle 1903

丝状体短，浮游；由少数圆柱状细胞构成，无胶鞘，两端的胞壁明显加厚，有时形成帽状，侧壁薄；色素体片状，侧位，不充满整个细胞，无蛋白核。

119）游丝藻 *Planctonema lauterbornii* Shmidle 1903 图版 119

鉴定文献：黎尚豪和毕列爵，1998，p. 376, pl. Ⅵ, Figs. 13～16.

特征描述：丝状体短，通常由 2～4 个细胞构成；细胞圆柱状，两端宽圆，宽 2.5～4 μm，长 9～11 μm；细胞壁薄，无胶鞘；丝状体一端或两端的细胞常失去细胞质，仅留下部分细胞壁，略似"H"形，色素体片状，侧位，绕细胞壁不及一周，无蛋白核。

采样分布：陶岔渠首至漳河北断面、西黑山进口闸断面、天津外环河断面、团城湖断面。

生境：湖泊。

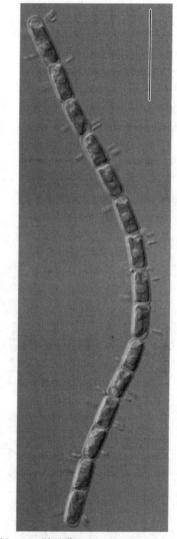

图版 119 游丝藻 *Planctonema lauterbornii*
光镜照片，标尺 =20 μm

（十九）刚毛藻目 Cladophorales

35. 刚毛藻科 Cladophoraceae

（66）刚毛藻属 *Cladophora* Kützing 1843

植物体着生，有些种类植物幼体着生，长成后漂浮。分枝丰富，具顶端或基部的分化。分枝为互生型、对生型，有时为双叉型、三叉型；分枝宽度小于主枝，或至少其顶端略细小。细胞圆柱形或膨大；多数种类壁厚，分层。具多个周生、盘状的色素体和多个蛋白核。

营养繁殖为藻丝断裂，无性生殖形成动孢子，有性生殖为同配生殖。有些种有同型世代交替的现象。

120）刚毛藻 *Cladophora* sp. 1 图版 120

特征描述：植物幼体着生，长成后漂浮；藻丝连续分枝；细胞长，圆柱形；分枝渐细或略细，顶端钝圆，分枝宽 25～35 μm，细胞长为宽的 5～8 倍。

采样分布：沙河渡槽进口断面、鲁山落地槽断面。

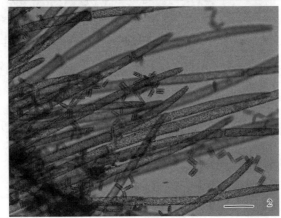

图版 120　刚毛藻 *Cladophora* sp. 1
1、2. 光镜照片，标尺 =100 μm

八、双星藻纲 Zygnematophyceae

（二十）双星藻目 Zygnematales

36. 双星藻科 Zygnemataceae

（67）水绵属 *Spirogyra* Link in Nees 1820

藻丝不分枝，少数种类具假根（或侧枝）或附着器；横壁平直或折叠，极罕为半折叠或束合；色素体周生，带状、螺旋形，1~16条；细胞核位于细胞中央；梯形接合或侧面接合或兼具有二者。生殖时产生接合管。

121）水绵 *Spirogyra* sp. 1　图版 121

特征描述：藻丝长 81.5 μm，宽 5.5 μm；色素体带状，螺旋状盘绕。

采样分布：丹江口水库、惠南庄北拒马河断面。

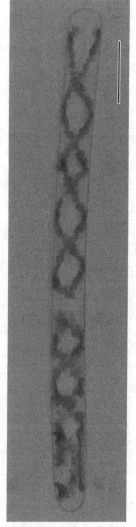

图版 121　水绵 *Spirogyra* sp. 1
光镜照片，标尺 =10 μm

(68) 转板藻属 *Mougeotia* Agardh 1824

藻丝不分枝，有时产生假根；细胞圆柱形，其长度比宽度通常大4倍以上；细胞横壁平直；色素体轴生，板状，1个，极少数2个，具多个蛋白核，排列成一行或散生；细胞核位于色素体中间的一侧。

122) 转板藻 *Mougeotia* sp. 1 图版 122

特征描述：细胞长 40~60 μm，宽 4~6 μm。

采样分布：丹江口水库、陶岔渠首断面、鲁山落地槽至团城湖断面。

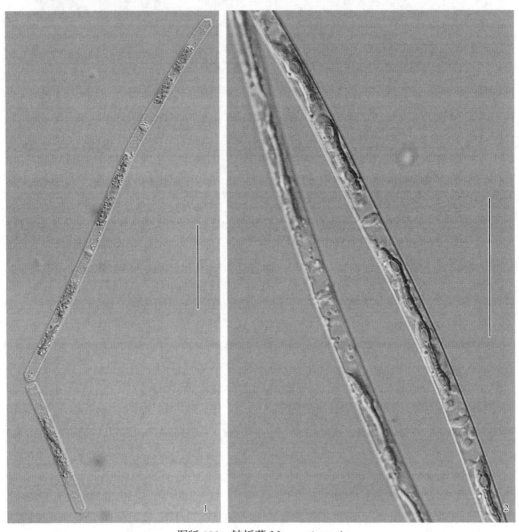

图版 122 转板藻 *Mougeotia* sp. 1
1、2. 光镜照片，标尺 =20 μm

（二十一）鼓藻目 Desmidiales

37. 鼓藻科 Desmidiaceae

（69）角星鼓藻属 *Staurastrum* Meyen ex Ralfs 1848

植物体为单细胞，一般长略大于宽（不包括刺或突起），绝大多数种类辐射对称，少数种类两侧对称及细胞侧扁，多数缢缝深凹，从内向外张开成锐角，有的为狭线形。半细胞正面观半圆形、近圆形、椭圆形、圆柱形、近三角形、四角形、梯形、碗形、杯形、楔形等。细胞不包括突起的部分称"细胞体部"，半细胞正面观的形状指半细胞体部的形状，许多种类半细胞顶角或侧角向水平方向、略向上或向下延长形成长度不等的突起；缘边一般波形，具数轮齿，其顶端平或具 2 到多个刺，有的种类突起基部长出较小的突起称"副突起"；垂直面观多数三角形到五角形，少数圆形、椭圆形、六角形或多达十一角形。细胞壁光滑，具点纹、圆孔纹、颗粒及各种类型的刺和瘤。半细胞一般具 1 个轴生的色素体，中央具 1 个蛋白核，大的细胞具数个蛋白核，少数种类的色素体周生，具数个蛋白核。

接合孢子球形或具多个角，通常具单一或叉状的刺。

123）具齿角星鼓藻 *Staurastrum indentatum* West & West 1902   图版 123

鉴定文献： 胡鸿钧等, 1980, p. 447, pl. 97, Figs. 5～8.

特征描述： 细胞中等大小，宽约为长的 1.5 倍（包括突起），缢缝中等深度凹入，向外张开成锐角。半细胞正面观杯形，顶缘平直或略凸起，具 4 个 2～3 齿的瘤，顶角水平方向或略向下延长形成长的突起，具数轮小齿；缘边波状，末端具 2～3 个刺，突起近基部的背缘具 1～2 个中间微凹的槽，侧缘斜向上；半细胞基部膨大，具小刺或中间微凹的瘤，在基部上端和突起腹部具 2 个中间微凹的瘤；垂直面观近圆形（不包括突起），两端中间略增厚，缘内具 4 个 2～3 齿的瘤，角延长形成突起，突起基部具 1～2 个中间微凹的瘤。细胞长 42 μm，包括突起宽 85 μm，缢部宽 8 μm，厚 15～17 μm。

采样分布： 丹江口水库、沙河渡槽进口至穿黄工程南岸断面、古运河暗渠至天津外环河断面、团城湖断面。

生境： 生长在池塘、湖泊、河流的沿岸带和沼泽中。

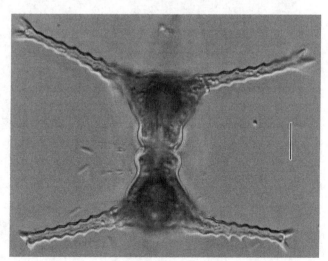

图版 123　具齿角星鼓藻 *Staurastrum indentatum*
光镜照片，标尺 =10 μm

124）肥壮角星鼓藻 *Staurastrum pingue* Teiling 1942　　图版 124

鉴定文献：胡鸿钧和魏印心, 2006, p. 880, pl. XIV-87, Figs. 1～4.

特征描述：细胞小到中等大小，长约等于宽（包括突起），缢缝中等深度凹入，其顶部钝圆，向外张开成锐角。半细胞正面观碗形或圆柱形，顶缘平截，其中间明显具 2 个 3 齿的瘤，顶角略向上延长形成长突起；突起缘边波状和中轴具 1 列小颗粒，其顶端具 3 齿，腹缘逐渐略斜向顶角或两侧近平行，基角广圆；垂直面观三角形或四角形，侧缘略凸出和缘内中间具 1 对瘤，角延长形成长突起，其缘边波状和中轴具 1 列小颗粒。细胞长 29.5 μm，包括突起宽 64 μm，缢部宽 9 μm。

采样分布：沙河渡槽进口至穿黄工程南岸断面、古运河暗渠至天津外环河断面、团城湖断面。

生境：生长在中营养的水池、湖泊和河流的沿岸带，有时也存在于富营养的和含钙高的水体中，浮游，pH 为（5.2～）6～8.6（～9）。

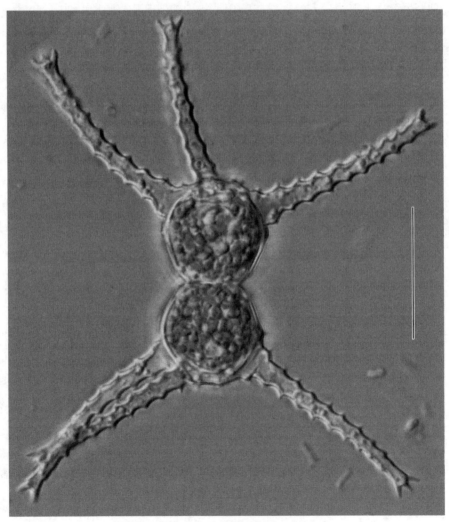

图版 124　肥壮角星鼓藻 *Staurastrum pingue*

光镜照片，标尺 =20 μm

参 考 文 献

胡鸿钧, 李尧英, 魏印心, 朱蕙忠, 陈嘉佑, 施之新. 1980. 中国淡水藻类. 上海: 上海科学技术出版社.

胡鸿钧, 魏印心. 2006. 中国淡水藻类——系统、分类及生态. 北京: 科学出版社.

黎尚豪, 毕列爵. 1998. 中国淡水藻志 第五卷 绿藻门 丝藻目、石莼目、胶毛藻目、橘色藻目、环藻目. 北京: 科学出版社.

李家英, 齐雨藻. 2014. 中国淡水藻志 第十九卷 硅藻门 舟形藻科 (Ⅱ). 北京: 科学出版社.

刘静, 韦桂峰, 胡韧, 张成武, 韩博平. 2013. 珠江水系东江流域底栖硅藻图集. 北京: 中国环境出版社.

齐雨藻. 1995. 中国淡水藻志 第四卷 硅藻门 中心纲. 北京: 科学出版社.

施之新. 2013. 中国淡水藻志 第十六卷 硅藻门 桥弯藻科. 北京: 科学出版社.

谭香, 刘妍. 2022. 汉江上游底栖硅藻图谱. 北京: 科学出版社.

王全喜, 邓贵平. 2017. 九寨沟自然保护区常见藻类图集. 北京: 科学出版社.

虞功亮, 宋立荣, 李仁辉. 2007. 中国淡水微囊藻属常见种类的分类学讨论——以滇池为例. 植物分类学报, 45(5): 727-741.

张毅鸽, 王一郎, 杨平, 戴国飞, 耿若真, 李守淳, 李仁辉. 2020. 江西柘林湖水华蓝藻——长孢藻(*Dolichospermum*) 的形态多样性及其分子特征. 湖泊科学, 32(4): 1076-1087.

朱蕙忠, 陈嘉佑. 2000. 中国西藏硅藻. 北京: 科学出版社.

朱梦灵. 2012. 丝状蓝藻假鱼腥藻和泽丝藻的分类学研究及分子监测. 中国科学院大学博士学位论文: 1-134.

Aboal M, Silva PC. 2004. Validation of new combinations. Diatom Research, 19(2): 1-361.

Anagnostidis K. 2001. Nomenclatural changes in cyanoprokaryotic order Oscillatoriales. Preslia, 73: 359-375.

Anagnostidis K, Komárek J. 1988. Modern approach to the classification system of cyanophytes 3–Oscillatoriales. Algological Studies, 50-53: 327-472.

Antoniades D, Hamilton PB, Douglas MS, Smol JP. 2008. Diatoms of North America: the freshwater floras of Prince Patrick, Ellef Ringnes and northern Ellesmere Islands from the Canadian Arctic Archipelago. In: Lange-Bertalot H. Iconographia Diatomologica, 17. Ruggell: ARG Gantner Verlag KG: 1-649.

Bey MY, Ector L. 2013. Atlas des diatomées des cours d'eau de la region 2/2. Heidelberg: Spektrum Akademischer Verlag.

Bishop IW, Esposito RM, Tyree M, Spaulding SA. 2017. A diatom voucher flora from selected southeast rivers (USA). Phytotaxa, 332(2): 101-140.

Böcher TW. 1949. Studies on the sapropelic flora of the lake Flyndersø with special reference to the Oscillatoriaceae. Kongelige Danske Videnskabernes Selskab Biologiske Meddelelser, 21: 1-46.

Compère P. 1974. Cyanophycées de la region du lac Tchad, taxons, combinaisons et noms nouveaux. Bulletin van de National Plantentuin van België, 44(1/2): 17-21.

Edlund MB, Morales EA, Spaulding SA. 2004. The type and taxonomy of *Fragilaria elliptica* Schumann, a widely miscontrued taxon. Eighteenth Internation Diatom Symposium, 1913: 53-59.

Foged N. 1981. Diatoms in Alaska. Bibliotheca Phycologica. Band 53. Vaduz: J. Cramer.

Gomont M. 1892. Monographie des Oscillariées (Nostocacées Homocystées). Deuxième partie-Lyngbyées. Annales des Sciences Naturelles, Botanique, 7(16): 91-264.

Houk V, Klee R. 2004. The stelligeroid taxa of the genus *Cyclotella* (Kützing) Brébisson (Bacillariophyceae) and their transfer to the new genus *Discostella* gen. nov. Diatom Research, 19(2): 203-228.

Ivanov PN. 2018. Two new diatom species from family Achnanthidiaceae in Bulgaria: *Achnanthidium druartii*, an invasive species in Europe and *Achnanthidium straubianum*, new to Bulgarian diatom flora. Phytologia Balcanica, 24(2): 195-199.

Kobayasi H. 1997. Comparative studies among four linear-lanceolate *Achnanthidium* species (Bacillariophyceae) with curved terminal raphe ending. Nove Hedwigia, 65(1-4): 147-163.

Kociolek JP, Woodward J, Graeff C. 2016. New and endemic Gomphonema C.G. Ehrenberg (Bacillariophyceae) species from Hawaii. Nova Hedwigia, 102(1-2): 141-171.

Kociolek JP, You QM, Wang QX, Liu Q. 2015. A consideration of some interesting freshwater gomphonemoid diatoms from North America and China, and the description of *Gomphosinica* gen. nov. Nova Hedwigia, 144: 175-198.

Komárek J, Komárková J. 2004. Taxonomic review of the cyanoprokaryotic genera *Planktothrix* and *Planktotrichoides*. Czech Phycology, 4: 1-18.

Krammer K. 1997a. Die cymbelloiden Diatomeen. Eine Monographie der weltwei bekannten Taxa. Teil. 2. *Encyonema* part, *Encyonopsis* and *Cymbellopsis*. Bibliotheca Diatomologica, 37. Berlin: Schweizerbart Science Publishers: 1-467.

Krammer K. 1997b. Die cymbelloiden Diatomeen. Teil. 1. Allgemeines und *Encyonema* part. Bibliotheca Diatomologica, 37. Berlin: Schweizerbart Science Publishers: 1-382.

Krammer K. 2002. Diatoms of the European Inland Waters and Comparable Habitats. In: Lange-Bertalot H. Diatoms of Europe. Vol 3. Ruggell: ARG Cantner Verlag KG: 1-151.

Krammer K. 2003. *Cymbopleura, Delicata, Navicymbula, Gomphocymbellopsis, Afrocymbella*. In: Lange-Bertalot H, Diatoms of Europe, Diatoms of the European Inland waters and comparable habitats, 4. Ruggell: ARG Gantner Verlag KG: 1-529.

Krammer K, Lange-Bertalot H. 1986. Bacillariophyceae. 1. Teil: Naviculaceae. In: Ettl H, Gerloff J, Heynig H, Mollenhauer D. Süβwasserflora von Mitteleuropa. Band 2/1. Jena: Gustav Fisher Verlag: 1-876.

Krammer K, Lange-Bertalot H. 1988. Bacillariophyceae. 2. Teil: Bacillariaceae, Epithemiaceae, Surirellaceae. In: Ettl H, Gerloff J, Heynig H, Mollenhauer D. Süβwasserflora von Mitteleuropa. Band 2/2. Heidelberg: Spektrum Akademischer Verlag.

Krammer K, Lange-Bertalot H. 1991a. Bacillariophyceae. 3. Teil: Centrales, Fragilariaceae, Eunotiaceae. In: Ettl H, Gerloff J, Heyinig H, Mollenhauer D. Süβwasserflora von Mitteleuropa. Band 2/3. Stuttgart: Gustav Fischer Verlag: 1-576.

Krammer K, Lange-Bertalot H. 1991b. Bacillariophyceae. 4. Teil: Achnanthaceae. Kritische Erganzungen zu Navicula (Lineolatae) und Gomphonema Gesamtliteraturverzeichnis. In: Ettl H, Gärtner G, Gerloff H, Heynig H, Mollenhauer D. Süβwasserflora von Mitteleuropa. Band 2/4. Stuttgart: Gustav Fischer Verlag: 1-436.

Krammer K, Lange-Bertalot H. 1997. Bacillariophyceae. 2. Teil: Epithemiaceae, Surirellaceae. In: Ettl H, Gerloff J, Heynig H, Mollenhauer D. Süßwasserflora von Mitteleuropa. Band 2/2. Heidelberg: Spektrum Akademischer Verlag.

Krammer K, Lange-Bertalot H. 2004. Bacillariophyceae. 3. Teil: Centrales, Fragilariaceae, Eunotiaceae. In: Ettl H, Gerloff J, Heynig H, Mollenhauer D. Süßwasserflora von Mitteleuropa. Heidelberg: Spektrum Akademischer Verlag.

Lange-Bertalot H. 1993. 85 neue taxa und über 100 weitere neu definierte Taxa ergänzend zur Süsswasserflora von Mitteleuropa. Bibliotheca Diatomologica, 27: 1-164.

Lange-Bertalot H. 1999. Neue Kombinationen von Taxa aus Achnanthes Bory (*sensu lato*). In: Lange-Bertalot H. Iconographia Diatomologica, Annotated Diatom Micrographs. Vol. 6. Phytogeography-Diversity-Taxonomy. Vaduz: ARG Gantner Verlag KG: 276-289.

Lange-Bertalot H. 2001. *Navicula sensu stricto*, 10 genera separated from *Navicula sensu lato*, Frustulia. In: Lange-Bertalot H, Diatoms of Europe, Diatoms of the European Inland Waters and Comparable Habitats. Vol. 2. Ruggell: ARG Gantner Verlag KG: 1-526.

Lange-Bertalot H, Metzeltin D. 1996. Indicators of oligotrophy-800 taxa representative of three ecologically distinct lake types, Carbonate buffered-Oligodystrophic-Weakly buffered soft water. In: Lange-Bertalot H. Iconographia Diatomologica. Annotated Diatom Micrographs. Vol. 2. Ecology, Diversity, Taxonomy. Königstein: Koeltz Scientific Books: 1-390.

Levkov Z. 2016. Diatoms of Europe. Vol. 8: The diatom genus *Gomphonema* from the Republic of Macedonia. Königstein: Koeltz Botanical Books.

Lowe RL, Kociolek JP. 1984. New and rare diatoms from Great Smoky Mountains National Park. Nova Hedwigia, 39(3-4): 465-476.

Meffert ME. 1988. *Limnothrix* Meffert nov. gen. The unsheathed planktic cyanophycean filaments with polar and central gas-vacuoles. Arch Hydrobiol Suppl, 80: 269-276.

Metzeltin D, Lange-Bertalot H, García-Rodríguez F. 2005. Diatom of Uruguay, compared with other taxa from South America and elsewhere. In: Lange-Bertalot H, Iconographia Diatomologica, Annotated Diatom Micrographs. Vol. 15. Taxonomy-Biogeography-Diversity. Ruggell: ARG Gantner Verlag KG: 1-736.

Metzeltin D, Lange-Bertalot H, Nergui S. 2009. Diatoms in Mongolia. In: Lange-Bertalot H. Iconographia Diatomologica, Annotated Diatom Micrographs. Vol. 20. Ruggell: ARG Gantner Verlag KG: 3-686.

Nägeli C. 1849. Gattungen einzelliger Algen, physiologisch und systematisch bearbeitet. Neue Denkschriften der Allg. Schweizerischen Gesellschaft für die Gesammten Naturwissenschaften, 10(7): 1-139.

Nakov T, Guillory WX, Julius ML, Theriot EC, Alverson AJ. 2015. Towards a phylogenetic classification of species belonging to the diatom genus *Cyclotella* (Bacillariophyceae): Transfer of species formerly placed in Puncticulata, Handmannia, Pliocaenicus and Cyclotella to the genus *Lindavia*. Phytotaxa, 217(3): 249-264.

Potapova MG, Ponader KC. 2004. Two common North American diatom, *Achnanthidium rivulre* sp. nov. and *A. deflexum* (Reimer) kingston: morphology, ecology and comparsion with related species. Diatom Research, 19: 33-57.

Rimet F, Couté A, Piuz A, Berthon V, Druart JC. 2010. *Achnanthidium druartii* sp. nov. (Achnanthales,

Bacillariophyta), a new species invading Europeans rivers. Vie et Milieu-Life and Environment, 60(3): 185-195.

Round FE, Maidana NI. 2001. Two problematic freshwater araphid taxa re-classified in new genera. Diatom the Japanese Journal of Diatomology, 17: 21-28.

Round FE, Bukhtiyarova L. 1996. Four new genera based on *Achnanthes* (*Achnanthidium*) together with a re-definition of *Achnanthidium*. Diatom Research, 11(2): 345-361.

Silva WJ, Jahn R, Ludwig TAV, Menezes M. 2013. Typification of seven species of *Encyonema* and characterization of *Encyonema leibleinii* comb. nov. Fottea Olomouc, 13(2): 119-132.

Simonsen R. 1979. The diatom system: ideas on phylogeny. Bacillaria, 2: 9-71.

Sylwia C. 2016. *Craticula buderi* (Bacillariophyceae) in Poland. Polish Botanical Journal, 61(2): 1-5.

Wetzel CE, Ector L, Van de Vijver B, Compère P, Mann DG. 2015. Morphology, typification and critical analysis of some ecologically important small naviculoid species (Bacillariophyta) Fottea. Olomouc, 15(2): 203-234.

Williams DM, Round FE. 1986. Revision of the genus *Synedra* Ehrenb. Diatom Research, 1(2): 313-339.

附表Ⅰ 样本采集地位置

采样点名称	采样点位置	经度（°）	纬度（°）
陶岔渠首	河南省南阳市淅川县九重镇	111.7169722	32.675639
沙河渡槽进口	河南省平顶山市鲁山县	112.9437308	33.702364
鲁山落地槽	河南省平顶山市鲁山县	112.9809806	33.755008
穿黄工程南岸	河南省郑州市上街区	113.2335667	34.873572
穿黄工程北岸	河南省焦作市温县	113.1935806	34.901231
漳河北	河南省安阳市龙安区	114.31935	36.249644
古运河暗渠	河北省石家庄市新华区大安舍村	114.4864272	38.144802
西黑山进口闸	河北省保定市徐水区大王店镇西黑山村	115.3950278	39.078628
天津外环河	天津市西青区中北镇	117.0896139	39.139825
惠南庄北拒马河	北京市房山区大石窝镇	115.791725	39.506717
团城湖	北京市海淀区颐和园内	116.270582	39.994364

附表Ⅱ 样本采集地理化数据

采样时间	样点名称	磷酸盐 (mg/L)	总氮 (mg/L)	叶绿素a (μg/L)	水温 (℃)	pH	溶解氧 (mg/L)	流速 (m/s)
春季	陶岔渠首	0.041	1.653	0.555	22.7	8.80	9.26	1.6
	沙河渡槽进口	0.050	1.696	1.125	22.1	8.45	8.83	1.7
	鲁山落地槽	0.653	1.755	5.742	21.8	8.36	8.85	1.7
	穿黄工程南岸	0.052	1.805	5.718	22.3	8.40	8.82	1.8
	穿黄工程北岸	0.048	1.882	2.612	21.3	8.80	10.20	1.7
	漳河北	0.060	1.753	2.642	21.2	9.16	10.30	1.8
	古运河暗渠	0.050	1.667	3.122	22.8	8.80	10.30	1.8
	西黑山进口闸	0.056	1.748	1.412	23.0	8.92	9.70	1.7
	天津外环河	0.056	1.768	1.483	22.6	8.93	9.80	0.1
	惠南庄北拒马河	0.058	1.796	1.482	22.6	8.90	9.60	2.4
	团城湖	0.064	2.126	6.737	22.8	8.87	8.80	1.6
夏季	陶岔渠首	0.006	1.755	1.099	28.5	8.56	4.76	0.77
	沙河渡槽进口	0.005	1.274	2.989	31.2	7.34	7.34	0.70
	鲁山落地槽	0.004	1.488	4.834	30.9	8.51	7.59	0.63
	穿黄工程南岸	0.017	1.482	6.759	32.4	8.26	7.57	1.24
	穿黄工程北岸	0.012	1.616	27.681	33.0	8.67	7.84	1.24
	漳河北	0.010	1.925	11.218	34.3	8.79	9.45	0.73
	古运河暗渠	0.009	1.435	5.377	31.0	8.81	9.73	0.63
	西黑山进口闸	0.009	1.369	9.775	26.2	8.51	10.09	0.56
	天津外环河	0.010	1.430	13.804	27.0	8.38	8.47	0.66
	惠南庄北拒马河	0.011	1.323	7.573	29.5	8.79	9.16	0.76
	团城湖	0.010	1.323	6.227	29.9	8.63	8.16	0.76
秋季	陶岔渠首	0.007	0.689	0.979	17.6	8.2	8.6	0.86
	沙河渡槽进口	0.007	0.632	1.129	17.0	8.3	11.0	0.95
	鲁山落地槽	0.009	0.666	2.895	17.0	8.3	10.0	1.26
	穿黄工程南岸	0.007	0.815	3.371	16.5	8.3	9.8	1.26
	穿黄工程北岸	0.009	0.385	9.247	16.1	8.3	10.0	1.58
	漳河北	0.009	0.614	4.021	15.7	8.4	10.5	0.98
	古运河暗渠	0.009	0.614	2.113	15.5	8.3	9.8	1.10
	西黑山进口闸	0.007	0.563	3.711	15.0	8.2	10.3	0.60
	天津外环河	0.007	0.804	5.509	15.5	8.3	12.2	0.36
	惠南庄北拒马河	0.001	0.609	2.374	13.2	8.2	10.3	0.69
	团城湖	0.007	0.735	2.145	13.8	8.3	9.1	0.69

附表Ⅱ 样本采集地理化数据

续表

采样时间	样点名称	磷酸盐 (mg/L)	总氮 (mg/L)	叶绿素 a (μg/L)	水温 (℃)	pH	溶解氧 (mg/L)	流速 (m/s)
冬季	陶岔渠首	0.000	1.151	1.329	8.1	8.62	12.8	0.48
	沙河渡槽进口	0.000	1.041	3.161	8.0	8.76	11.8	0.45
	鲁山落地槽	0.000	1.041	1.811	7.9	8.79	11.9	0.45
	穿黄工程南岸	0.000	1.060	0.905	7.4	8.73	12.9	0.44
	穿黄工程北岸	0.000	0.987	1.117	7.9	8.72	13.5	1.01
	漳河北	0.000	1.041	1.012	6.6	8.70	13.9	0.52
	古运河暗渠	0.143	1.032	0.424	6.1	8.60	13.7	0.38
	西黑山进口闸	0.011	1.023	0.451	5.4	8.64	13.8	0.33
	天津外环河	0.028	1.123	0.260	5.1	8.76	18.1	0.14
	惠南庄北拒马河	0.042	1.105	0.694	5.8	8.70	15.9	0.37
	团城湖	0.041	1.069	0.847	6.4	8.64	15.7	0.37

中文名索引

A

安东尼舟形藻　40

B

扁圆卵形藻　85
变异直链藻　24

C

草鞋形波缘藻　96
侧生窗纹藻　87
长海小环藻　21

D

大螺旋藻　6
单角盘星藻具孔变种　113
岛屿异极藻　71
等丝浮丝藻　14
杜拉尔曲丝藻　76
短头内丝藻　64
短纹假十字脆杆藻　33
断裂颤藻　13
多棘栅藻　115

F

肥壮角星鼓藻　124
浮球藻　110
浮丝藻　15
浮游长孢藻　17
富营养曲丝藻　81

G

杆状美壁藻　48
刚毛藻　120
高山曲丝藻　80
谷皮菱形藻　91

H

汉茨桥弯藻　58
壶形异极藻　72
湖生内丝藻　61

J

极小假鱼腥藻　2
极小曲丝藻　77
寄生假十字脆杆藻　32
尖布纹藻　46
尖肘形藻　36
角甲藻　101
近针形菱形藻　88
具齿角星鼓藻　123
具突假鱼腥藻　4
具星碟星藻　22

K

柯氏并联藻　109
颗粒沟链藻　25
颗粒沟链藻极狭变种　26
颗粒沟链藻极狭变种螺旋变型　27
克里夫卡氏藻　84
克里特小环藻　20
空球藻　104
库津细齿藻　94

L

莱布内丝藻　62

M

梅尼小环藻　18
美丽网球藻　111
密花舟形藻　42
模糊格形藻　44

N

拟杆状鞍型藻　54
拟甲色球藻　12
啮蚀隐藻　98
挪氏微囊藻　10

P

盘星藻　112
膨胀桥弯藻　59
偏转曲丝藻　79

漂浮泽丝藻　5
平裂藻　1
平片格鲁诺藻　92
普通等片藻　29

R

柔嫩脆杆藻　31
柔弱肘形藻　35

S

三角帆头曲丝藻　75
色球藻　9
省略琳达藻　23
虱形卵形藻　86
虱形双眉藻　56
施氏鞍型藻　53
施特劳宾曲丝藻　82
实球藻　103
嗜苔藓细小藻　37
束丝藻　16
双对栅藻　114
双头弯肋藻　67
水绵　121
四刺顶棘藻　107
苏尔根格鲁诺藻　93

T

瞳孔鞍型藻　52
透明双肋藻　47
土生假鱼腥藻　3
椭圆波缘藻　95

W

网状空星藻　118
微囊藻　11

微小四角藻　106
维里纳优美藻　69

X

溪生曲丝藻　78
细端菱形藻　90
纤细异极藻　70
小空星藻　117
小内丝藻　63
小头短纹藻　38
小头拟内丝藻　66
小形卵囊藻　108
小型色球藻　7
小圆盾双壁藻　50
斜结隐藻　99
斜生栅藻　116
新细角桥弯藻　57

Y

眼斑小环藻　19
衣藻　102
隐头舟形藻　43
隐伪舟形藻　39
隐细舟形藻　41
硬弓形藻　105
优美藻　68
游丝藻　119

Z

扎卡刺角藻　28
窄双菱藻　97
粘连色球藻　8
针形菱形藻　89
肘状肘形藻　34
转板藻　122
锥囊藻　100

拉丁名索引

A

Acanthoceras zachariasii 28
Achnanthidium alpestre 80
Achnanthidium deflexum 79
Achnanthidium druartii 76
Achnanthidium eutrophilum 81
Achnanthidium latecephalum 75
Achnanthidium minutissimum 77
Achnanthidium rivulare 78
Achnanthidium saprophilum 74
Achnanthidium sp. 1 83
Achnanthidium straubianum 82
Adlafia bryophila 37
Amphipleura pellucida 47
Amphora pediculus 56
Aphanizomenon sp. 1 16
Aulacoseira granulata 25
Aulacoseira granulata var. *angustissima* f. *spiralis* 27
Aulacoseira granulata var. *angustissima* 26

B

Brachysira microcephala 38

C

Caloneis bacillum 48
Caloneis limosa var. *biconstricta* 49
Ceratium hirundinella 101
Chlamydomonas sp. 1 102
Chodatella quadriseta 107
Chroococcidiopsis sp. 1 12
Chroococcus cohaerens 8
Chroococcus minor 7
Chroococcus sp. 1 9
Cladophora sp. 1 120
Cocconeis placentula 85
Cocconeis pediculus 86
Coelastrum microporum 117
Coelastrum reticulatum 118
Craticula ambigua 44
Craticula buderi 45

Cryptomonas erosa 98
Cyclotella changhai 21
Cyclotella crecita 20
Cyclotella meneghiniana 18
Cyclotella ocellata 19
Cymatopleura elliptica 95
Cymatopleura solea 96
Cymbella sp. 1 60
Cymbella tumida 59
Cymbella hantzschiana 58
Cymbella neoleptoceros 57
Cymbopleura amphicephala 67

D

Delicata delicatula 68
Delicata verena 69
Denticula kuetzingii 94
Diatoma vulgaris 29
Dictyosphaerium pulchellum 111
Dinobryon sp. 1 100
Diploneis parma 50
Discostella stelligera 22
Dolichospermum planctonicum 17

E

Encyonema brevicapitatum 64
Encyonema lacustre 61
Encyonema leibleinii 62
Encyonema minutum 63
Encyonema yellowstonianum 65
Encyonopsis microcephala 66
Epithemia adnata 87
Eudorina elegans 104

F

Fragilaria perminuta 30
Fragilaria tenera 31

G

Gomphonema gracile 70
Gomphonema lagenula 72

Gomphonema insularum　71
Gomphosinica geitleri　73
Grunowia solgensis　93
Grunowia tabellaria　92
Gyrosigma acuminatum　46

K

Karayevia clevei　84

L

Limnothrix planctonica　5
Lindavia praetermissa　23

M

Melosira varians　24
Merismopedia sp. 1　1
Microcystis novacekii　10
Microcystis sp. 1　11
Mougeotia sp. 1　122

N

Navicula antonii　40
Navicula cryptocephala　43
Navicula cryptofallax　39
Navicula cryptotenella　41
Navicula caterva　42
Nitzschia acicularis　89
Nitzschia palea　91
Nitzschia subacicularis　88
Nitzschia dissipata　90

O

Oocystis parva　108
Oscillatoria fraca　13

P

Pandorina morum　103
Pediastrum biradiatum　112
Pediastrum simplex var. *duodenarium*　113

Plagioselmis sp. 1　99
Planctonema lauterbornii　119
Planktosphaeria gelatinosa　110
Planktothrix isothrix　14
Planktothrix sp. 1　15
Pseudanabaena galeata　4
Pseudanabaena minima　2
Pseudanabaena mucicola　3
Pseudostaurosira brevistriata　33
Pseudostaurosira parasitica　32

Q

Quadrigula chodatii　109

S

Scenedesmus bijuga　114
Scenedesmus obliquus　116
Scenedesmus spinosus　115
Schroederia robusta　105
Sellaphora pseudobacillum　54
Sellaphora pupula　52
Sellaphora sp. 1　55
Sellaphora stroemii　53
Sellaphora atomoides　51
Spirogyra sp. 1　121
Spirulina major　6
Staurastrum indentatum　123
Staurastrum pingue　124
Surirella angusta　97

T

Tetraedron minimum　106

U

Ulnaria acus　36
Ulnaria delicatissima　35
Ulnaria ulna　34